特高压工程建设典型经验

（2022 年版）

线路工程分册

国家电网有限公司特高压建设分公司 组编

中国电力出版社
CHINA ELECTRIC POWER PRESS

内 容 提 要

为进一步落实国家电网有限公司“一体四翼”战略布局，促进“六精四化”三年行动计划落地实施，提升特高压工程建设管理水平，国家电网有限公司特高压建设分公司系统梳理、全面总结特高压工程建设管理经验，提炼形成《特高压工程建设标准化管理》等系列成果，涵盖建设管理、技术标准、施工工艺、典型工法、经验案例等内容。

本书为《特高压工程建设典型经验（2022年版） 线路工程分册》，分为基础施工典型经验、组塔施工典型经验、架线施工典型经验、其他典型经验四章，其中，基础施工典型经验13项、组塔施工典型经验10项、架线施工典型经验15项、其他典型经验6项。每项经验均从经验创新点、实施要点、适用范围及经验小结等方面进行分析、总结。

本套书可供从事特高压工程建设的技术人员和管理人员学习使用。

图书在版编目（CIP）数据

特高压工程建设典型经验：2022年版．线路工程分册/国家电网有限公司特高压建设分公司组编．—北京：中国电力出版社，2023.9

ISBN 978-7-5198-8086-6

Ⅰ.①特…　Ⅱ.①国…　Ⅲ.①特高压电网—线路工程—经验　Ⅳ.①TM727

中国国家版本馆CIP数据核字（2023）第160465号

出版发行：中国电力出版社
地　　址：北京市东城区北京站西街19号（邮政编码100005）
网　　址：http://www.cepp.sgcc.com.cn
责任编辑：翟巧珍（806636769@qq.com）　胡　帅（010-63412821）
责任校对：黄　蓓　马　宁
装帧设计：郝晓燕
责任印制：石　雷

印　　刷：北京九天鸿程印刷有限责任公司
版　　次：2023年9月第一版
印　　次：2023年9月北京第一次印刷
开　　本：880毫米×1230毫米　16开本
印　　张：8.75
字　　数：193千字
定　　价：70.00元

《特高压工程建设典型经验（2022年版）线路工程分册》

本书编写组

组　长　孙敬国

副组长　肖峰　王新元

主要编写人员　何宣虎　刘建楠　李彪　俞磊　苗峰显　吴昊亭　侯建明　万华翔　彭威铭　焦刚刚　王春林　曹杰勇　赵昆渝　邹生强　陆泓昶　张茂盛　熊春友　邱国斌　靳义奎　彭旺　潘宏承　江海涛　宗海迥　徐扬　袁星　赵杰　孙士欣　叶瑞丽　鲁飞　石雨　纪宇鹏　王涛　李刚　贺君　王国胜　汤小兵　钟文　刘爱辉　熊缘　秦川　胡耀龙　朱景明　余亮　余帮节　刘栋　张彬

序

从2006年8月我国首个特高压工程——1000kV晋东南—南阳—荆门特高压交流试验示范工程开工建设，至2022年底，国家电网有限公司已累计建成特高压交直流工程33项，特高压骨干网架已初步建成，为促进我国能源资源大范围优化配置、推动新能源大规模高效开发利用发挥了重要作用。特高压工程实现从“中国创造”到“中国引领”，成为中国高端制造的“国家名片”。

高质量发展是全面建设社会主义现代化国家的首要任务。我国大力推进以稳定安全可靠的特高压输变电线路为载体的新能源供给消纳体系规划建设，赋予了特高压工程新的使命。作为新型电力系统建设、实现“碳达峰、碳中和”目标的排头兵，特高压发展迎来新的重大机遇。

面对新一轮特高压工程大规模建设，总结传承好特高压工程建设管理经验、推广应用项目标准化成果，对于提升工程建设管理水平、推动特高压工程高质量建设具有重要意义。

国家电网有限公司特高压建设分公司应三峡输变电工程而生，伴随特高压工程成长壮大，成立26年以来，建成全部三峡输变电工程，全程参与了国家电网所有特高压交直流工程建设，直接建设管理了以首条特高压交流试验示范工程、首条特高压直流示范工程、首条特高压同塔双回交流示范工程、首条世界电压等级最高的特高压直流输电工程为代表的多项特高压交直流工程，积累了丰富的工程建设管理经验，形成了丰硕的项目标准化管理成果。经系统梳理、全面总结，提炼形成《特高压工程建设标准化管理》等系列成果，涵盖建设管理、技术标准、工艺工法、经验案例等内容，为后续特高压工程建设提供管理借鉴和实践案例。

他山之石，可以攻玉。相信《特高压工程建设标准化管理》等系列成果的出版，对于加强特高压工程建设管理经验交流、促进“六精四化”落地实施，提升国家电网输变电工程建设整体管理水平将起到积极的促进作用。国家电网有限公司特高压建设分公司将在不断总结自身实践的基础上，博采众长、兼收并蓄业内先进成果，迭代更新、持续改进，以专业公司的能力与作为，在引领工程建设管理、推动特高压工程高质量建设方面发挥更大的作用。

2023年6月

前言

2017 年，国家电网有限公司特高压建设分公司结合特高压线路工程统筹支撑工作成果，编制出版了《特高压直流线路工程建设典型案例（2017 年版）》。从技术支撑工作和安全质量协同监督工作两个方面总结了工程前期管理策划文件编制、建设管理培训、施工方案复核、安全质量检查、工程竣工验收、工程创优等典型经验，对于后续工程大规模建设期间优质高效完成统筹支撑，推动特高压线路工程高质量建设上发挥了重要作用。

为落实国家电网有限公司基建“六精四化”三年行动计划要求，全面总结特高压工程建设典型经验，建立特高压工程全工序标杆示范应用库，国家电网有限公司特高压建设分公司依托建设管理及统筹支撑工作成果，梳理了高低腿基础分坑测量、河网区域钢板桩临时围堰施工、沙戈荒边界条件下混凝土养护技术、大跨越塔大型构件安装就位施工技术、张力放线布线精细化施工、六分裂大截面导线弛度观测及子导线微调、基础保护帽水平及垂直圆弧倒角施工等 44 项特高压线路工程典型经验。

针对每项特高压线路工程典型经验，国家电网有限公司特高压建设分公司重点从经验创新点、实施要点、适用范围及经验小结等方面进行分析、总结，编制形成了《特高压工程建设典型经验（2022 年版） 线路工程分册》。本书作为特高压工程“五库一平台”重要组成部分，进一步丰富了特高压线路工程标准化管理成果，可用于指导新开工特高压线路工程的建设管理、方案编制、技术交底、现场作业等工作。

国家电网有限公司特高压建设分公司将结合“五库一平台”建设以及特高压线路工程建设实际，持续动态更新、完善特高压线路工程典型经验，更好地服务特高压工程高质量高标准建设。

本书编制过程中得到了国网湖北送变电工程有限公司、安徽送变电工程有限公司、吉林送变电工程有限公司、华东送变电工程有限公司、青海送变电工程有限公司、重庆送变电工程有限公司、江西送变电工程有限公司大力支持，在此一并表示感谢！

编　者

2023 年 4 月

目录

第一章 基础施工典型经验

本章主要针对特高压线路工程基础施工阶段在高低腿基础分坑、灌注桩基础施工、大跨越插入式钢管高立柱基础、混凝土养护等方面的新技术、新装备现场应用经验进行梳理总结，编制形成了基础工程共13项典型经验。

经验1 高低腿基础分坑测量

【经验创新点】

随着特高压工程大规模建设，线路工程途经高山大岭区域越来越多，高低腿基础设计应用也将逐渐增加，但该基础验收复核较为复杂，对基础对角线、根开等数据需做出精确测量。针对该问题，本经验结合基础中心桩位置不同提出了两种不同方式的高低腿基础分坑测量方法，有效提升现场施工水平和分坑测量质量。

【实施要点】

高低腿基础分坑方法示意图如图1-1所示。

由图1-1可知，每个基础正面半根开 a_A、a_B、a_C、a_D 和侧面半根开 b_A、b_B、b_C、b_D 均相等。基础根开 $AB=b_A+b_B=a_A+a_B$；$BC=a_B+a_C=b_B+b_C$；$CD=b_C+b_D=a_C+a_D$；$DA=a_D+a_A=b_D+b_A$；其对角线为

$$AC=AO+OC=\sqrt{AE^2+EO^2}+\sqrt{CG^2+GO^2}=\sqrt{a_A^2+b_A^2}+\sqrt{a_C^2+b_C^2}=\sqrt{2a_A^2}+\sqrt{2a_C^2}=\sqrt{2}(a_A+a_C)=\sqrt{2}(b_A+b_C)$$

$$BD=BO+OD=\sqrt{BF^2+FO^2}+\sqrt{DH^2+HO^2}=\sqrt{a_B^2+b_B^2}+\sqrt{a_D^2+b_D^2}=\sqrt{2a_B^2}+\sqrt{2a_D^2}=\sqrt{2}(a_B+a_D)=\sqrt{2}(b_B+b_D)$$

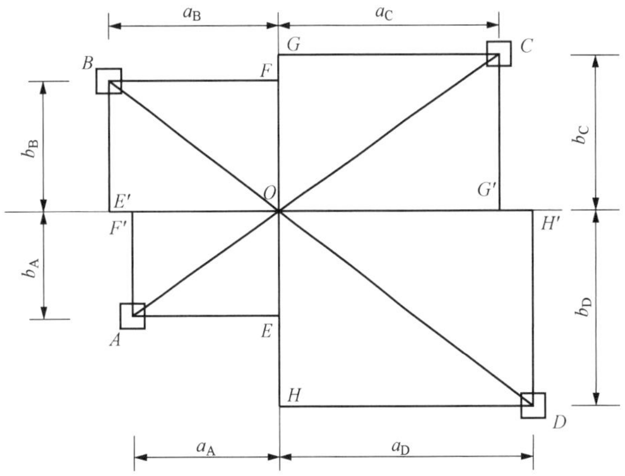

图1-1 基础分坑方法示意图

施工作业人员应先将仪器对准中心桩标记点（对钉），调整水平盘0°位置，顺时针方向旋转

45°、135°、225°、315°，所对方向分别为A、B、C、D腿同组地脚螺栓中心方向，或由45°、135°定出A、B腿同组地脚螺栓中心方向，再分别打倒镜，定出C、D腿同组地脚螺栓中心方向。分坑测量前应根据中心桩与各基础顶面位置关系，确定具体测量方法。

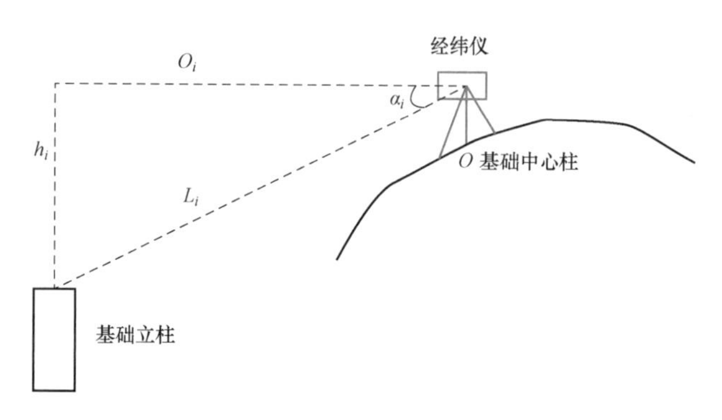

图1-2 高低腿基础分坑测量示意图

当在中心桩位置上能直视各基础顶面同组地脚螺栓中心点时，其分坑测量示意图如图1-2所示。

（1）设经纬仪转轴中点至各基础塔腿顶面同组地脚螺栓中点的斜距为 L_i（mm），i=A、B、C、D。

（2）读出经纬仪对各基础塔腿同组地脚螺栓点的竖向角 α_i（精确读出度、分、秒）。通过 L_i、α_i 计算各基础塔腿半对角尺寸和其基础顶面的高差值。半对角线尺寸计算公式为

$$O_i = L_i \cos\alpha_i \tag{1-1}$$

基础塔腿立柱顶面标高值为

$$h_i = L_i \sin\alpha_i \tag{1-2}$$

通过基础塔腿立柱顶面标高值计算各塔腿立柱顶面之间高差值（允许偏差≤5mm）。根据半对角线尺寸和正方形基础特点，计算各塔腿半根开值如下

$$a_i = b_i = O_i \cos45° \tag{1-3}$$

当在中心桩位置上不能直视基础顶面同组地脚螺栓中心点时（一般情况下，2个能直视、2个不能直视），将仪器置于中心桩上，先测量出可直视的基础塔腿数据，再倒镜定出辅助桩。辅助桩位置需满足能直视基础中心桩和原不能直视的基础顶面同组地脚螺栓中心点要求，如图1-3所示。测量计算时，需记录经纬仪在基础中心桩上的仪高 j，再计算出可视基础塔腿基础立柱顶面与基础中心桩的相对高差值，即 h_i-j。

仪器架在辅助桩上，分别测得 α_{io}、L_{io} 和 α_i、L_i，再计算该基础半对角线值为

$$o'_{i'} = L_i \cos\alpha_{io} + L_{io} \times \cos\alpha_{io} \quad (1-4)$$

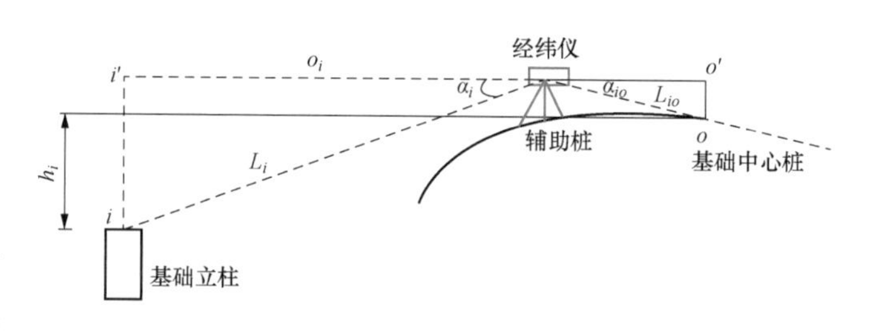

图1-3 定辅助桩要求示意图

再由式（1-3）计算出基础塔腿半根开值。同时由式（1-2）可算出基础塔腿顶面标高值 $i'i$ 和中心桩标高值 $o'o$，再计算出塔腿顶面与中心桩间的相对高差。由图1-3可知，当经纬仪两侧均是俯角，则 $i'i$ 与 $o'o$ 差值为该基础立柱顶面与基础中心桩之间的高差值；当经纬仪在辅助桩上对基础中心桩为仰角时，则 $i'i$ 与 $o'o$ 求和值为该基础立柱顶面与基础中心桩之间的高差值。

【适用范围】

本经验所提出的高低腿基础分坑测量计算方法适合大部分基础形式，特别是高差特别大的基础分坑，如高山、大岭等施工环境。

【经验小结】

高低腿基础设计已广泛应用于特高压线路工程，可以有效降低对塔基周围植被的破坏，减少水土流失。所提的施工经验可以解决基础中心桩位置能直视、不能直视各基础顶面同组地脚螺栓中心点情况下的高低腿基础分坑测量难点，利用相应计算公式准确得出各基础高低塔腿的半根开值，为后续基础工程施工质量提供可靠工程数据。

经验 2　跟孔水磨钻开挖嵌固式岩石基础施工

【经验创新点】

嵌固式岩石基础基坑开挖可以采用人工开挖或者松动爆破施工方法。当邻近电力线或房屋等其他建筑物时，一般会禁止使用松动爆破施工方法，以免发生电力线跳闸事故或者房屋等建筑物损害。利用风镐进行人工开挖时，施工周期和成本会大幅增加。针对嵌固式岩石基础施工难点，本经验采用跟孔水磨钻方式进行人工开挖。与常规人工开挖方式相比，该方法施工进度和成本均有较大优势，适合于任何地形和复杂地质，具有较高推广价值。

【实施要点】

1. 设备简介

选用的跟孔水磨钻设备实物图如图 1 - 4 所示，主要由跟孔水磨钻机身、三相异步电动机、控制开关、水磨钻钻筒、调节螺栓、电动机升降调节开关等部分构成。

图 1 - 4　跟孔水磨钻设备实物图

2. 施工原理

跟孔水磨钻施工工艺主要利用岩石吸水性（岩石在浸水过程中具有的吸水性能）、透水性（岩石容许水透过的能力）、软化性（岩石浸水后强度降低的性能）、可溶性（岩石被水溶解的性能）、膨胀性（岩石吸水后体积增大引起岩石结构破坏的性能）、破坏性（岩石被水浸泡，内部结构呈碎块状崩开散落的性能）等特点，将跟孔水磨钻钻筒对准孔壁四周，呈圆弧状移动，完成嵌固式岩石基础的开挖。跟孔水磨钻施工示意图如图 1 - 5 所示。

3. 施工过程

（1）施工准备。应先根据施工设计完成基础分坑和坑口放样、工器具运输进场、安全文明施工布置、坑口清理等工作，确保现场“三通一平”（水通、电通、路通和场地平整），满足施工条件及安全文明施工要求、分坑放样测量操作准确性和坑口上方平整性。

（2）搭设固定支架、安装水磨钻机器。基础坑口四周清理平整后，利用 U 形卡扣将钢管连接

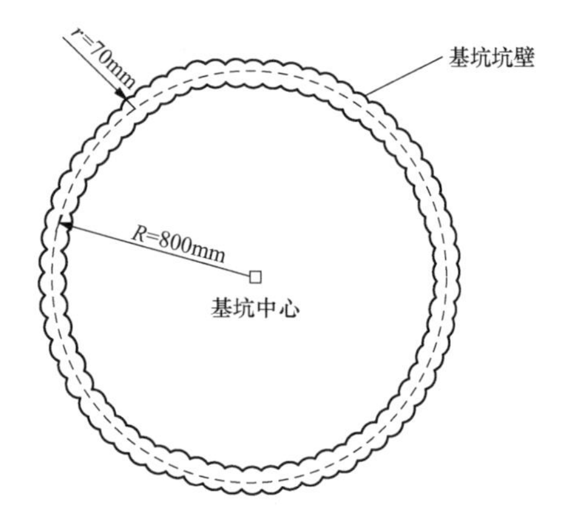

图1-5 跟孔水磨钻施工示意图

R—基坑半径；r—钻筒半径

成长方体框架，在框架上方用粗铁丝固定一粗厚木板，其长度与钢管框架长度保持一致。利用跟孔水磨钻上方螺栓将其固定于钢管框架上，下方应用实木垫平。施工过程中应不断调整跟孔水磨钻位置，使钻筒对准开挖坑口的边缘处。

（3）钻取、提取岩芯。施工作业人员利用跟孔水磨钻钻筒中水流湿润岩石基面后，再启动水磨钻进行钻芯，过程中应使电动机随钻头地深入而缓慢下降，并确保水源始终供应。

当钻筒完全进入岩体后，利用钻筒结构及岩石特性，调节开关使钻筒上升的同时将岩体一起提升，并用铁锤和自制铁丝圈取出岩芯。

（4）中心岩体松动及出渣。在基坑内，用打孔机打入一定数量均匀分布的小孔，用比孔直径大的粗制钢楔子锤入产生裂缝，再用钢钎撬动裂缝使中心岩体松动破碎后，清理出基坑，平整基坑底层。

以基坑洞壁为上支架，以坑底为下支架，再次固定水磨钻机器，重复以上操作至达到要求尺寸后，使用风镐打好孔径底盘，完成基础开挖。

【适用范围】

嵌固式岩石基础主要用于中等风化和强风化、覆盖层较薄且岩石整体性较好的硬质岩石地区，因其强度高、稳定好、成本低而广泛应用。跟孔水磨钻适合中等风化、弱风化岩石嵌固基础开挖，该设备轻便，适用大部分地形和复杂地质。

【经验小结】

（1）施工工艺对比。以开挖某工程嵌固式岩石基础为例，对人工开挖、水磨钻及爆破开挖三种开挖方式进行对比，详见表1-1。

表1-1 嵌固式岩石基础三种不同开挖方式对比

施工方法	人工开挖	水磨钻开挖	爆破开挖
所需施工人数	5人	5人	7人
开挖工器具	铁锹、锄头、箩筐、大锤、风镐、空气压缩机、发电机等	铁锹、锄头、箩筐、大锤、钢楔子、风镐、空气压缩机、发电机、水磨钻等	铁锹、锄头、箩筐、大锤、风镐、空气压缩机、发电机、炸药、防爆网等
施工时间	56天	22天	9天
施工危险度	低	低	高
施工费用	78 000元	35 000元	14 000元
超灌量系数	1.05（成孔规则）	1.08（成孔规则）	1.2（成孔不规则）
对岩石结构影响	低	很低	高
对周边环境影响	低	低	高

通过对比可知：人工开挖方式施工时间较长，不适用于工期紧的工程。爆破开挖施工安全风险高，对岩石结构或周边环境影响较大。水磨钻开挖施工工艺成本、施工时间均在爆破开挖工艺和人工开挖工艺之间，危险性较爆破工艺低。

（2）施工小结。跟孔水磨钻施工工艺易操作、噪声小、扰动低，适用于人群密集区、噪声敏感地带、爆破高危地区的岩石基础施工；能降低岩石塌落风险，减少爆破施工安全隐患；能减少混凝土超灌量，提高施工质量。

经验3 灌注桩基础施工分体套筒应用

【经验创新点】

灌注桩基础钢筋笼常采用现场两段焊接方式，存在焊接作业时间长、焊接工艺不易把控、吊臂下长时间作业、需动火作业等缺点，增加了现场施工安全质量隐患。当采用地面连接整体吊放方式，受现场施工条件限制，存在小吨位起重机单吊起吊困难、大吨位起重机无法进场等问题。

针对上述灌注桩基础钢筋笼施工问题，本经验采用螺套式分体套筒连接方式代替常规钢筋笼焊接方式，有效提升现场施工效率、降低安全风险、提高隐蔽工程质量。所提出的螺套式分体套筒连接方式经机械连接相关试验结果验证，屈服强度、抗拉强度、韧性等符合 JGJ 107—2016《钢筋机械连接技术规程》。

【实施要点】

1. 工艺原理

螺套式分体套筒钢筋接头是一种新型的钢筋机械连接形式，其工艺原理是先将钢筋连接螺套套入上面钢筋，然后将两个螺套母分别与上下两部分钢筋拧紧。上下钢筋对中后，将螺套旋拧在上端螺套母上，旋至与螺套母下端齐平。将螺套向下旋拧，连接下方螺套母至拧紧，完成钢筋连接，其工艺原理示意图如图 1-6 所示。

2. 工艺流程

（1）钢筋丝头加工。钢筋剥肋滚压直螺纹机将待连接钢筋的端头加工成螺纹。加工丝头有效螺纹长度不小于 1/2 连接套筒长度，且允许误差为 $+2P$（P 为螺距）。采用通止规检测钢筋套丝是否满足标准。

（2）现场组装。钢筋笼绑扎完成后，分体套筒连接整体成笼，成笼后在分体套筒连接处打开，等待桩钢筋笼吊装作业施工，并在一根主筋上做好标志“待施工”。

（3）钢筋笼对接。钢筋笼吊放第一段固定后，吊放第二段钢筋笼，将有标志的主筋对应连接，在连接时要多人同步进行，避免单一直接到位，采取同步方式连接，最后利用扭力扳手紧固和检查。采用螺套式分体套筒的钢筋笼对接实物图如图 1-7 所示。

螺套式分体套筒的技术参数见表 1-2。

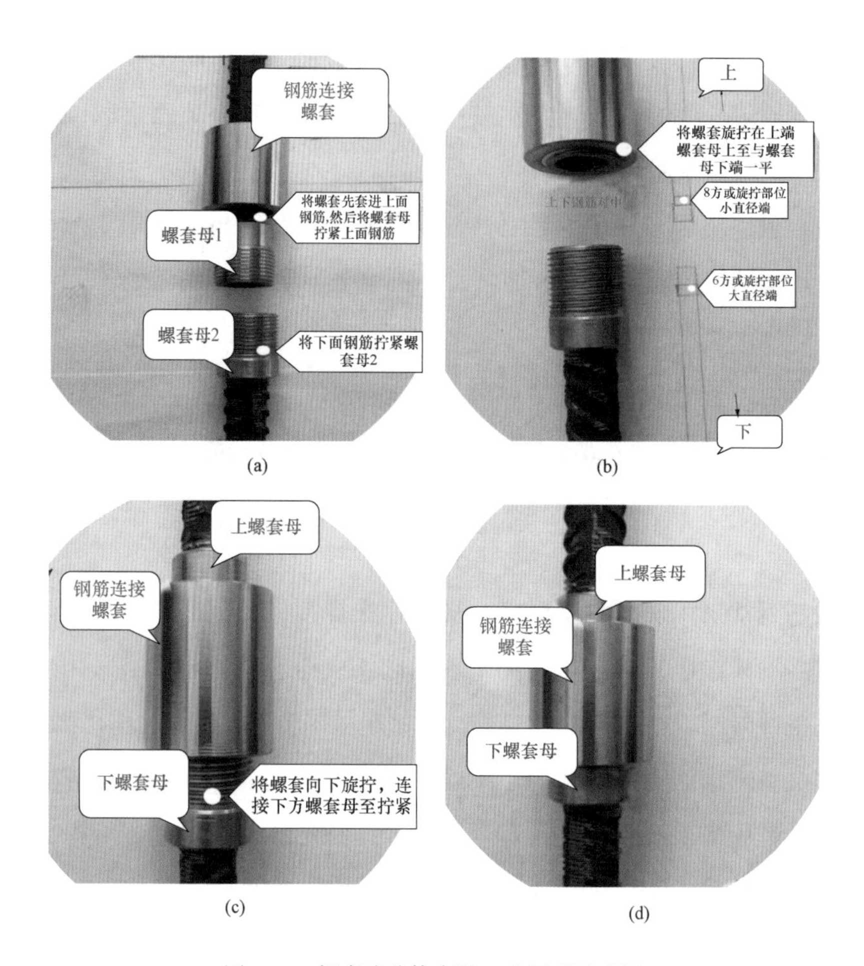

图1-6　螺套式分体套筒工艺原理示意图

（a）固定螺套母；（b）旋拧螺套至下端齐平；（c）螺套旋拧至拧紧；（d）完成钢筋连接

图1-7　采用螺套式分体套筒的钢筋笼对接实物图

表1-2　螺套式分体套筒的技术参数

序号	规格	套筒总长度（mm）	钢筋套丝长（mm）	分体套筒内套筒内丝长度（mm）	分体套筒内套筒钢筋套丝长度（mm）
1	22	55	30～31	50	52～53
2	25	60	32～33	53	55～56
3	28	65	35～36	55	57～58
4	32	70	37～38	61	63～64

【适用范围】

本施工方法适用于输变电施工现场、上述主筋直径的灌注桩基础钢筋笼吊装连接。

【经验小结】

经现场实际应用，螺套式分体套筒连接方式较之前的焊接连接方式，优越性突出，主要体现在以下方面：

（1）安全方面。以往的焊接方式，钢筋笼对接占钢筋笼下放时间的70%以上，采用螺套式分体套筒，可以大幅度缩短钢筋笼对接时间，从而大幅度降低施工风险。相对于焊接方式，不需要配电，不产生明火，提高了施工安全性。

（2）质量方面。螺套式分体套筒钢筋机械连接强度高，接头质量可靠，符合 JGJ 107—2016 中Ⅱ级接头的性能要求，套筒与钢筋丝头结合紧密，连接后两根钢筋处于同一轴线，对称性好，丝头加工及现场连接操作简便，降低了施工难度及塌孔风险。

（3）造价方面。采用螺套式分体套筒对接，施工速度快，能有效地节约桩基施工时间，缩短施工工期，以单桩 40 根主筋为例，焊接 4 个工人，大概需要 4h，螺套式分体套筒连接按 4 个工人计算，大概需要 30min，单基节约 14 个工时，有效降低造价，节约资金。

（4）环保方面。相对焊接方式，使用螺套式分体套筒不会产生焊渣，不产生烟尘，不需要配电，不产生明火，对环境“零污染”。

经验 4　灌注桩基础高应变检测桩头保护装置应用

【经验创新点】

灌注桩基础进行高应变检测时，需利用 5m 高支架吊装 5t 重铁块以自由落体方式砸于基础顶面。为保证基础顶面不受破坏，本经验提出应用灌注桩基础高应变检测桩头保护装置，保护基础质量的同时，保证试验数据准确性。

【实施要点】

高应变检测桩头保护装置效果图如图 1-8 所示。

（1）圆管（ϕ 1208×4）：在进行高应变试验时，防止大锤对保护装置造成一次性破坏，起到紧箍作用。

（2）ϕ 8 圆钢筋：保护装置内主筋的外箍筋，在制作过程中起到与混凝土紧密贴合的作用。

（3）ϕ 14 圆钢筋：固定主筋作用。

（4）ϕ 25 螺纹钢筋：主筋，钢筋混凝土主要受力材料。

（5）预留槽模板：地脚螺栓预留位置，保证在试验过程中地脚螺栓不受破坏。

为保证高应变保护装置结构强度，在制作过程中需放入纵筋和横筋，连接方式采用绑扎方式，根据保护装置直径确定钢筋数量与规格，保护装置制作混凝土强度需与基础强度保持一致。

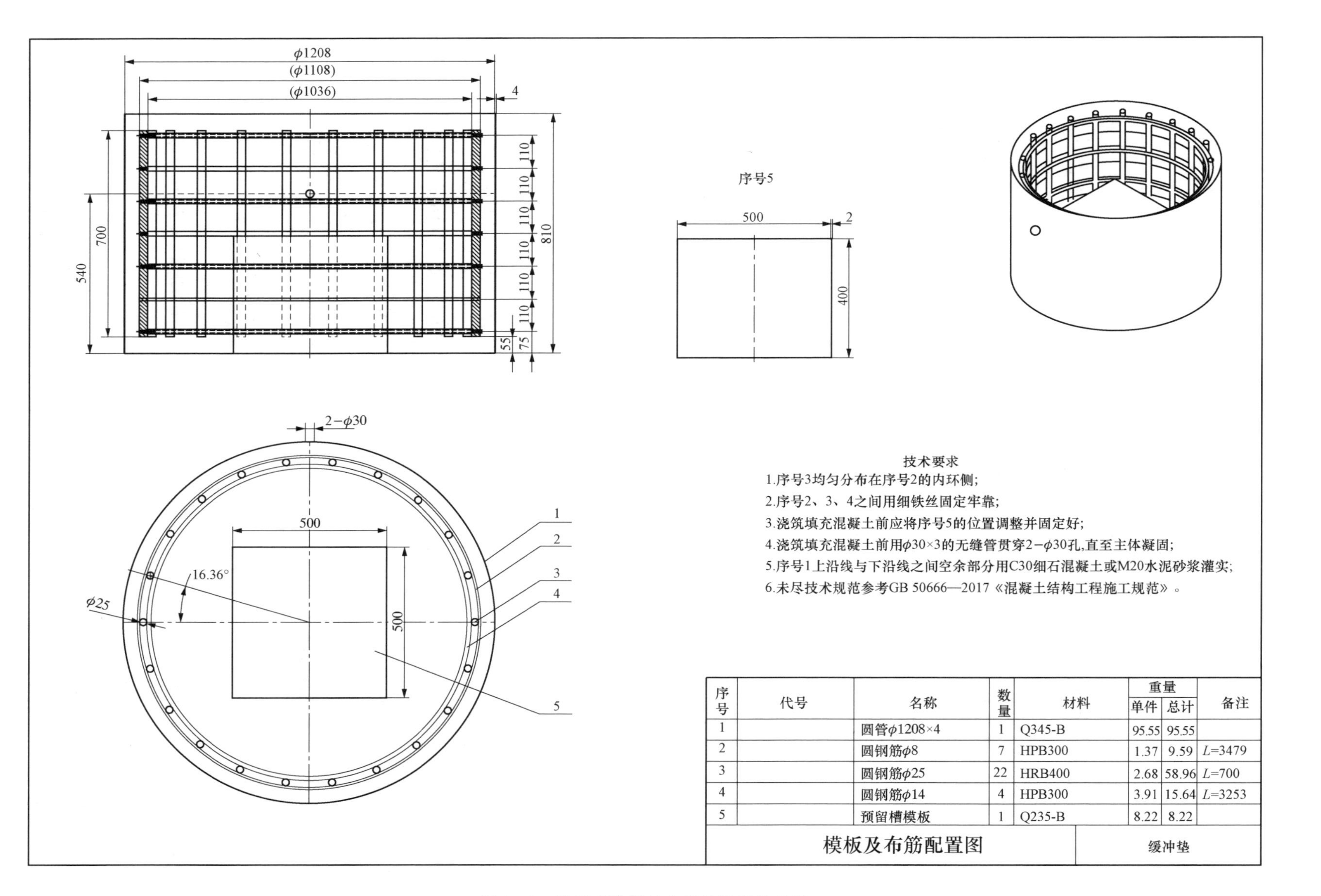

序号	代号	名称	数量	材料	重量 单件	重量 总计	备注
1		圆管φ1208×4	1	Q345-B	95.55	95.55	
2		圆钢筋φ8	7	HPB300	1.37	9.59	L=3479
3		圆钢筋φ25	22	HRB400	2.68	58.96	L=700
4		圆钢筋φ14	4	HPB300	3.91	15.64	L=3253
5		预留槽模板	1	Q235-B	8.22	8.22	

图 1－8 高应变检测桩头保护装置效果图

在试验过程中，需使用绑扎带将保护装置绑扎牢固，使用起重机吊起后倒扣于基础上方，使保护装置边缘与基础边缘保持一致。高应变重锤在每次冲击保护装置后，需观察保护装置外观是否有破损、裂缝等现象，若有此类现象，需对其进行更换，避免保护装置破裂损坏基础。高应变保护装置现场应用示意图如图 1-9 所示。

(a)

(b)

图 1-9　高应变保护装置现场应用示意图

（a）现场吊装示意图；（b）现场应用效果图

【适用范围】

本施工方法适用于输变电施工现场各类桩径的灌注桩基础高应变检测。

【经验小结】

通过昌吉—古泉±1100kV 特高压直流输电工程（陕 2 标段）的成功应用，证实了高应变保护装置的实用性，且制作较为简便，可批量生产。试验完成后，灌注桩基础均完好，实验数据真实性、可靠性可得到保证。

经验 5　大截面立柱模板对拉筋施工

【经验创新点】

对于大截面立柱（直径不小于 1000mm），常采用钢管架支撑四侧竖向模板，但新浇混凝土侧压力和倾倒混凝土的振动载荷会导致模板向外膨胀，现场可通过增加支撑钢管数量来保证模板支护的强度。该方法不仅增加了钢管需求量，也增加了工作人员劳动强度。

本经验提出适用于大截面立柱模板的对拉螺栓，可以保证混凝土浇筑时模板具有足够的稳定性、强度、刚度，使模板能可靠地承受新浇筑混凝土的质量、侧压力以及施工荷载，确保浇筑后结构物的形状、尺寸与相互位置符合设计要求。大截面立柱模板对拉螺栓实物图如图 1-10 所示。

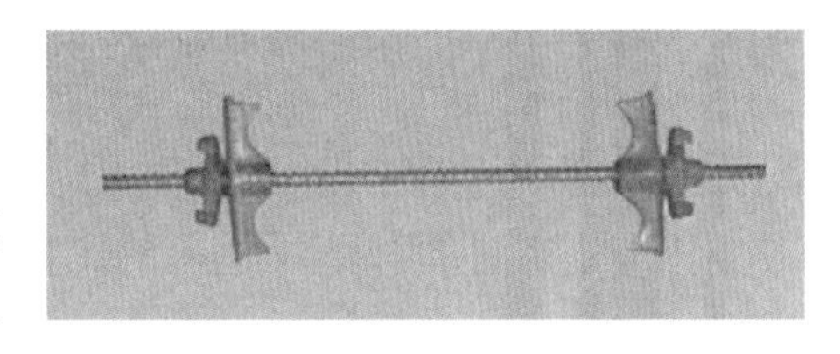

图 1-10　大截面立柱模板对拉螺栓实物图

【实施要点】

（1）模板支护。立柱模板安装完成后，其竖向背楞采用 50mm×1000mm 木枋，间距为 200mm。横向背楞选用φ48mm的钢管进行加固，安装两根φ48mm钢管。

（2）对拉螺栓布置。采用φ14mm的钢筋作为板式基础立柱模板的对拉螺栓，第一排对拉螺杆间距距地 200mm，中间水平间距根据模板拼装的拉杆间距设置。在对拉螺栓上套φ20mm的PVC管，PVC管两端与模板接触处分别套上塑料帽，在塑料帽外加海绵止水垫，确保混凝土浇筑不漏浆。竖直方向间距为 400～450mm，均匀分布。模板对拉螺栓安装示意图如图1-11所示。

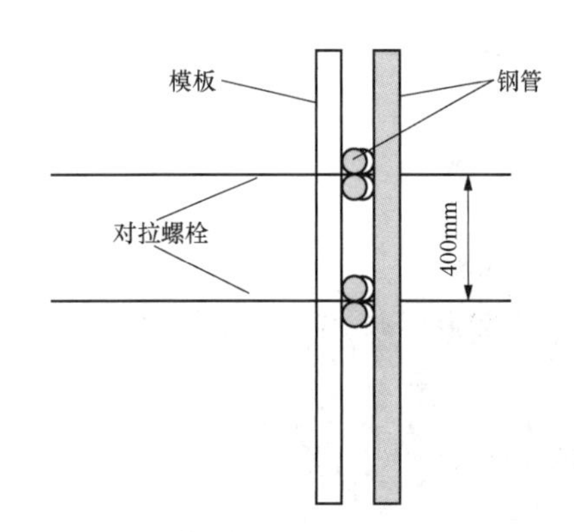

图1-11 模板对拉螺栓安装示意图

（3）模板密封。立柱模板角部接缝采用自密型海绵条，海绵条离板面 1～2mm，不出板面。

（4）拆模。基础成型拆模后，将露在混凝土表面的钢筋头切除并做防腐处理。对拉螺栓现场应用图如图1-12所示。

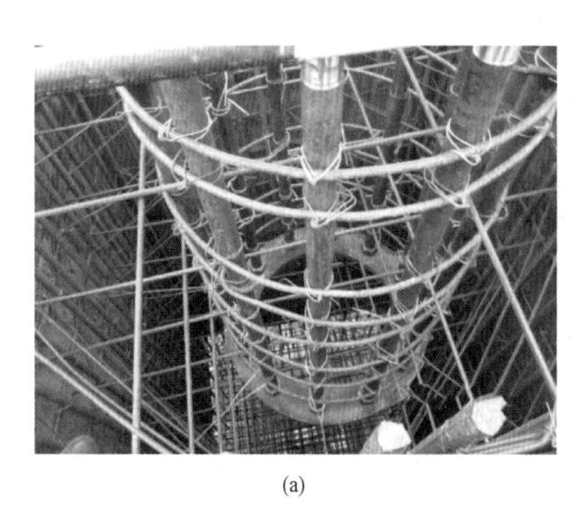
(a)

(b)

图1-12 对拉螺栓现场应用图

（a）模板外部布置；（b）模板内部布置

【适用范围】

本施工方法适用于板式基础大截面立柱模板安装施工。

【经验小结】

通过在1000kV淮南—南京—上海特高压交流线路工程（4标段）施工过程中对拉螺栓的使用，验证了此项施工方法切实可行，达到了预期效果，且施工方法简便、高效，同时也确保了经济效益。由于施工方法简便，各施工劳务分包队伍均能迅速、熟练地掌握此施工方法，并在实际工作中加以利用，取得良好效果。在后续大截面基础施工中，需根据基础断面尺寸及混凝土浇筑时的侧压力进行计算，选用适用的工器具，便可达到预期效果，对后续工程大断面尺寸基础施工提供经验。

经验6　大跨越基础异型模板研制及应用

【经验创新点】

某大跨越工程基础采用灌注桩加承台的形式，承台向塔心方向偏转45°，采用插入式钢管结构设计，承台间附带连梁。方形立柱同样存在偏心情况，方形立柱顶面边长5.7m、高7.2m，单个基础总容量近1100m³。为增加基础整体强度，立柱底部存在一加腋区，顶部插入式钢管处设置剪力槽，其结构尺寸剖面图如图1-13所示。

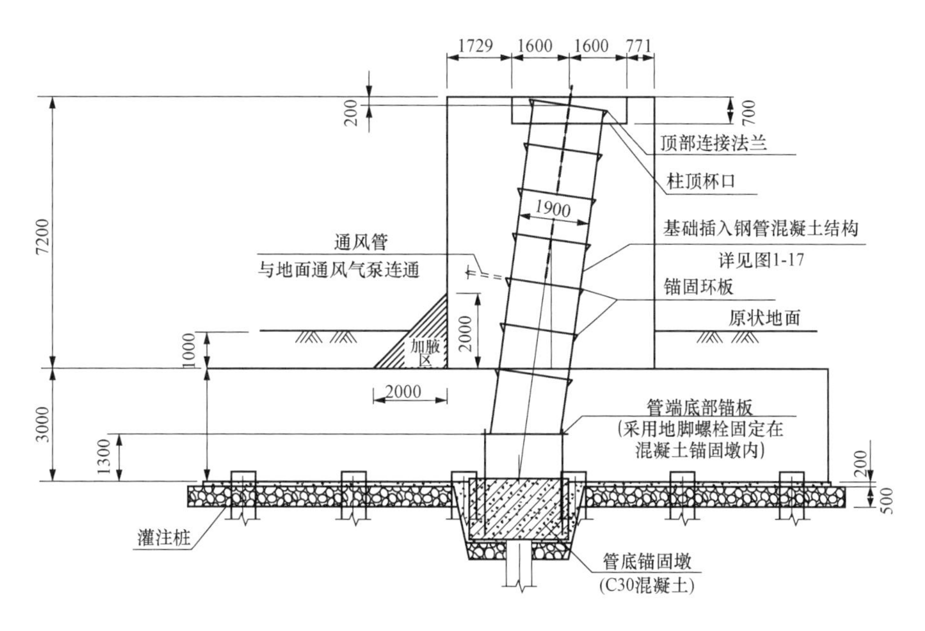

图1-13　某工程基础承台结构尺寸剖面图

针对大跨越工程基础尺寸过大、插入式钢管控制精度要求高等施工难点，基础需采用两次浇筑，立柱钢模板需两次维护。本经验提出基础承台采用砖胎模方式浇筑，并随承台埋入地下；立柱钢模板通过支撑系统在承台上方进行装配。待基础全部浇筑完毕，达到养护条件后再行拆模。

【实施要点】

该工程立柱钢模板采用6mm厚组合式钢模板，包括剪力槽模板部件在内由9种共计19块模板。模板内表面与混凝土直接接触，通过横、纵向连接板连有槽钢桁架，并附带竖楞。同层模板通过螺栓和双螺栓拉杆连接。考虑加腋区的存在及基础浇筑顺序，可将九种模板命名为A～I，自下而上共分①～④四层，如图1-14所示，第一层模板高2.2m，上三层高度自下往上分别为2、2、1m，上下两层模板间连接采用螺栓连接。跨越塔剪力槽采用6mm钢模板、横向连接板拼接而成，其外表面也需抛光成镜面，内设加强筋，通过螺栓连接。

模板外层采用竖楞、横纵向连接板、桁架的结构进行加强，桁架及竖楞均采用相应规格槽钢，可使钢模板能承受基础混凝土浇筑和凝固过程中带来的侧压力，有效减少模板变形，提升基础浇筑质量。为加强模板分块拼接的严密性，除连接螺栓外，同层模板的连接采用双螺栓拉杆加强，如图 1-15 所示。

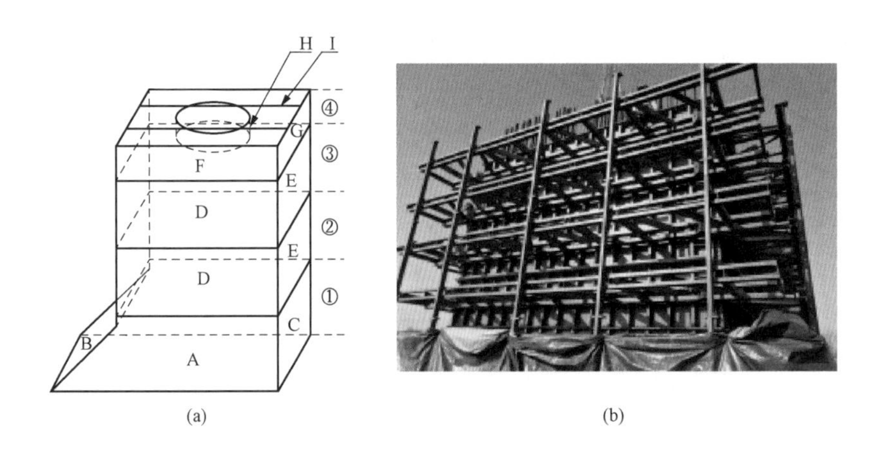

图 1-14 某工程基础模板结构及实景图

（a）某工程基础模板结构示意图；（b）基础模板现场应用实景图

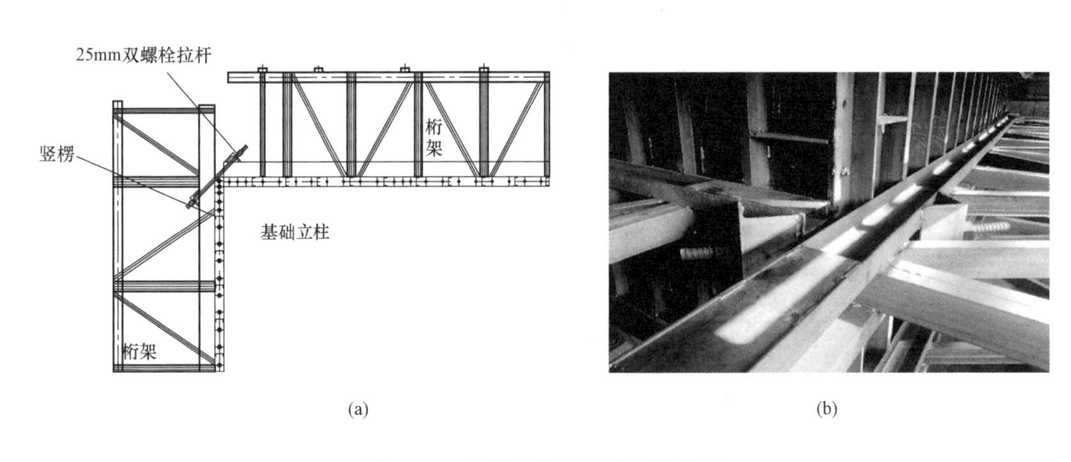

图 1-15 钢模板桁架及拉杆结构图

（a）钢模板桁架示意图；（b）拉杆结构示意图

基础采用两次支模浇筑的方法，在承台顶面上方 2.2m 处设置施工缝，立柱 2.2m 以下和承台同时浇筑，剩余部分在混凝土强度达到 100%后进行二次浇筑。

基础钢模板分两次安装。第一次仅安装底层（包括加腋区），高 2.2m，该部分与承台同时浇筑。第二次模板分片安装时，需综合考虑基坑尺寸与模板重量，选择符合要求的流动式起重机。

模板支撑体系需具有足够的强度、刚度和稳定性。在第一层钢模板下方（即承台钢筋内）需设置支撑架，在立柱模板四角设置 4 根固定工字钢，7.7m 较长侧中间增设 1 根工字钢，每根工字钢长 3.0m，在垫层打好后、承台钢筋绑扎前固定，下部铺垫 500mm×500mm×5mm 钢板并焊接牢固，并设两层辅助钢筋固定，承台钢筋绑扎后，将工字钢所用辅助钢筋与承台钢筋点焊牢固，下层立柱钢模板安装示意图如图 1-16 所示。

待钢模板下部工字钢固定支撑架稳固后，起重机安放钢模板并找正，再将其拼接牢固。通过调节固定工字钢底部钢板数量，使每块钢模板调整到设计高度固定牢固后，方可进行混凝土浇筑。浇筑完成并达到 100%强度后，开始剩余模板的安装。由于此时已有浇筑完成的承台作为支撑，可直接利用起重机逐层吊装支护上层模板。

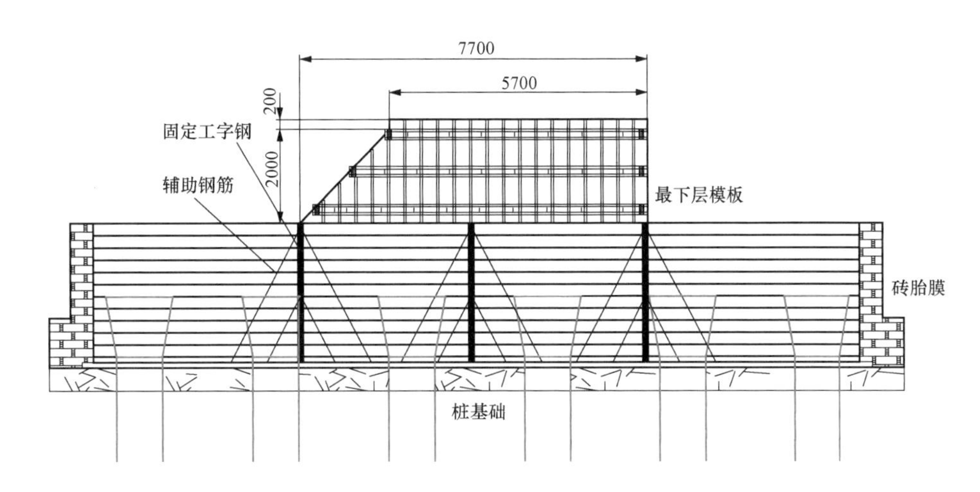

图 1-16　下层立柱钢模板安装示意图

跨越塔立柱模板主体结构全部安装找正后，再安装立柱剪力槽模板。模板配备横梁，将剪力槽模板通过焊接与横梁固定并放在立柱模板上，最后进行第二次浇筑。基础达到养护要求后，利用起重机拆除钢模板。

【适用范围】

本经验针对各类大跨越工程基础承台施工，对于大容量、高立柱及附带加腋区、剪力槽的异形基础尤为适用。

【经验小结】

（1）目前大容量跨越塔基础大都包含加腋区和剪力槽结构，组合式异型钢模板很好地配合了该类型基础的独特形状，同时符合基础分次浇筑的要求，满足现场实际施工需要。无需使用对拉螺栓，模板凭借外层的桁架结构足以承受现浇混凝土带来的侧压力。为保证各层拼接的严密性、避免漏浆，除每块模板间的螺栓外，同层模板的连接采用双螺栓拉杆加强。模板整体安装便捷，支承稳固，易于拆卸。

（2）不同工程所采用的基础模板在材质、大小、形状及拼接方式等方面有所不同，但均需满足自身实际施工需要。如何满足基础立柱的独特形状、符合基础本身浇筑顺序，在结构简单、便于安装拆卸的同时，能承受现浇混凝土的质量及侧压力，是研制立柱模板时必须考虑的问题。

经验 7　大跨越插入式钢管高立柱基础定位精度控制

【经验创新点】

某大跨越工程采用大规格插入式钢管基础，自下而上依次为灌注桩基、承台、立柱，插入钢管布置在承台及立柱中心位置，钢管底部设有柱形锚固墩、墩柱及定位地脚螺栓组，锚固墩结构如图 1-17 所示。

大规格插入式钢管根开、高差、扭转及倾斜度等关键项目的精度控制直接关系到高塔能否顺利安装。本经验深入分析插入钢管高立柱基础的特点及施工难点并借鉴以往类似工程经验，提出

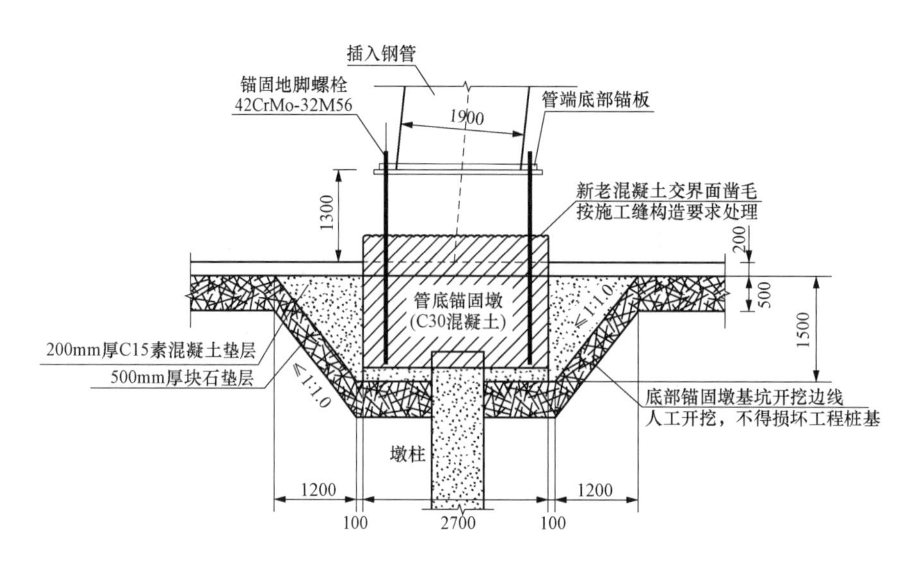

图1-17 锚固墩结构图

采用两次浇筑分段控制的整体方案。在精度控制上，采用全站仪对钢管上法兰表面“四线八点”（详见图1-19）高差、根开尺寸进行测量，同时在对角线方向安装高精度无线倾角传感器，实现实时快速监测。根据设计控制点计算出各施工控制点数据，并通过设置控制拉线使其达到设计值。

【实施要点】

1. 基础立柱分段浇筑

该跨越塔基础立柱高、断面大，在立柱底面向上2.2m处位置设置水平施工缝，承台和立柱2.2m以下同时浇筑，立柱2.2m以上在承台混凝土强度达到设计值的70%后二次浇筑。二次浇筑可以解决以下几个难点：

（1）立柱一次浇筑不利于精度控制。插入钢管整体安装在底部锚板卡盘上质量大，卡盘及下方露高1.3m，地脚螺栓组容易产生变形。钢模板整体安装后，需拆除控制拉线，当定位精度出现问题时无法调整。合模后，地面测量设备观测不到钢管。

（2）整个钢模板总重47t，整体支模不稳定，不利于施工安全，且整体浇筑考虑混凝土侧压力的影响，钢模板的强度需逐步提高，制作成本增加。

（3）缩短单次浇筑时间，经统计，该工程承台及立柱2.2m以下段浇筑及收光需22～26h，若整体浇筑该时间需增长。

2. 插入钢管精度控制流程

锚固墩地脚螺栓卡盘中心根开控制→锚固墩卡盘定位高差及水平度控制→插入钢管安装防扭转控制→插入钢管下段法兰上表面中心根开及定位高差、倾斜角控制→插入钢管上段法兰上表面中心根开及定位高差、倾斜角控制。

其中，锚固墩地脚螺栓卡盘中心与钢管底部法兰表面中心重合，锚固墩地螺中心的根开、高差是保证插入钢管精度的前提条件，该尺寸控制方法同常规大跨越地脚螺栓式基础，本节不做介绍。钢管安装前采用水平尺反复复核卡盘水平度，若存在误差，通过卡盘上下螺栓调整后紧固。

3. 钢管倾斜度控制方案

吊装前，沿中心桩对角线方向呈45°在钢管顶端安装四道钢丝绳拉线，上端通过5t卸扣固定在钢管上部FTJB双法兰加劲板安装孔上，待吊装就位后，倾角反方向的两根拉线将下端通过6t手扳葫芦与5t锚桩群相连，倾角内方向的两根拉线将下端通过3t手扳葫芦与3t锚桩相连，用于调整钢管倾斜度，控制拉线布置如图1-18所示。立柱下段浇筑过程中保持控制拉线并定时复核调整，浇筑完毕混凝土初凝前复核尺寸，若出现偏差立即通过拉线调整，混凝土终凝后拆除。上段钢管吊装就位后，将拉线设置到顶端法兰加劲板安装孔上。尺寸调整好后，将上下钢管间的内外双法兰螺栓采用电动扳手拧紧并在法兰连接处内侧加焊一圈，以确保上部钢管倾斜度不再发生变化后，拆除控制拉线再次复核钢管定位尺寸无误后安装上部钢模板。

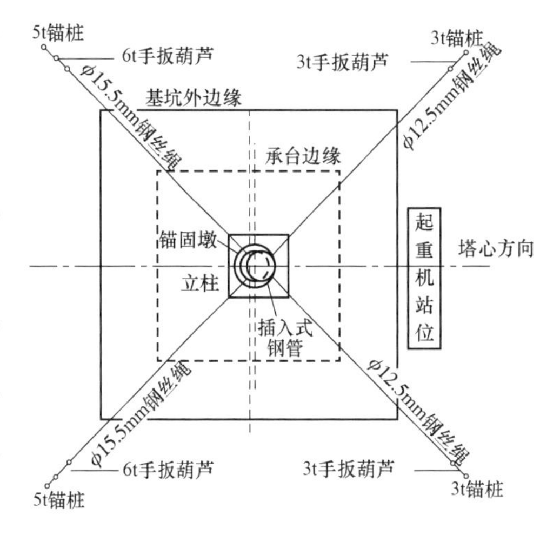

图1-18 控制拉线布置图

4. 插入钢管倾斜度测量方法

插入钢管的倾斜角度是否符合设计要求，关系到与铁塔主材坡度是否一致，法兰接头是否严密，因此至关重要。在插入角钢基础中常采取铅锤法进行测量，即在插入角钢顶部检测面上悬挂锤球后，在距离顶部检测面1m处用钢尺测量锤球与插入角钢之间的水平距离，以检测插入角钢的坡度。

插入式钢管顶部法兰面倾斜度等于铁塔主材坡度，故一般可通过测量插入钢管顶面对角线方向上内、外边缘高差及根开来反算插入钢管的对角线倾斜值。对于超高、超重型大跨越铁塔，基础尺寸精度要求高，在实际操作中仅仅控制上述两点是不足的。为最大可能地提高施工精度，本经验按图1-19所示对法兰表面“四线八点”的根开、高差进行尺寸控制，误差范围均控制在10mm以内。

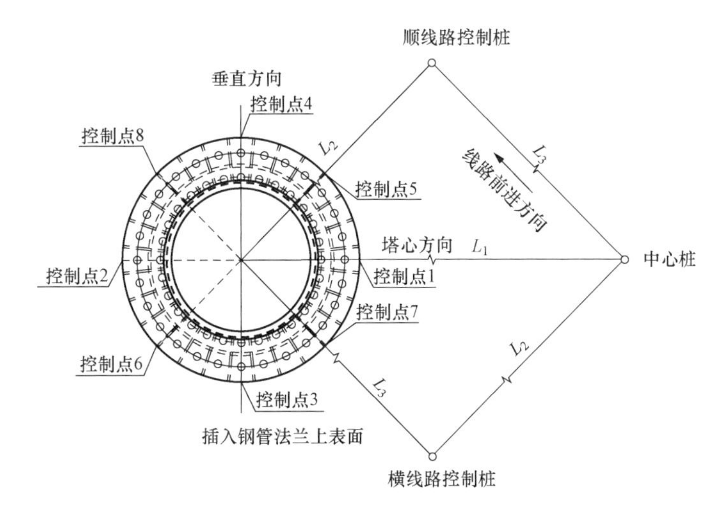

图1-19 “四线八点”控制法示意图

在图1-20中，尺寸控制前事先在法兰表面划好“四线八点”的印记，进行尺寸控制时分别在中心桩、横线路控制桩、顺线路控制桩上架设3台全站仪（$L2=L3=L1/1.414$），依次对插入钢管下段/上段法兰上表面的“四线八点”印记进行测量控制。具体为测量仪器角度调整好后，法兰盘对应的三个印记应与全站仪观测线重合，否则法兰存在扭转，误差较大时需采用起重机吊起钢管配合控制拉线重新安装。检查印记基本重合后，采用仪器测量控制点1～6的根开尺寸及高差、控制点7～8的高差是否与设计值控制在误差范围内，并通过调整拉线将误差控制在最小范围内。

通过测量上述控制点的根开尺寸，对于不同控制线上的两点根开及高差，可以反算钢管的倾斜角度，此种方法可以归类于半根开法。此外，由于每次测量上述尺寸数据都比较费时，无法实时测量，而在施工过程中的立柱混凝土浇筑两侧不平衡等因素会使钢管倾斜度产生变化。为实时掌握插入钢管的倾斜度保持情况，钢管倾角检查增设电子检测法，在对角线方向安装两个高精度无线倾角传感器，传感器安装位置如图1-20所示，采用高精度进口微机电系统加速度芯体实现快速监测，采用边缘计算智能算法，大大提高监测精度和可靠性，精度误差在0.01°以内。利用高精度倾角传感器电路以及远距离无线电（Long Range Radio，LORA）无线通信电路，设计了一种由锂电池充电电路、倾角传感器电路、微控制芯片电路、LORA无线通信电路组成的倾角数据采集电路，实现了设备倾角数据的采集、数据上传云平台的功能，从而实现实时检测钢管的倾斜角度变化情况。

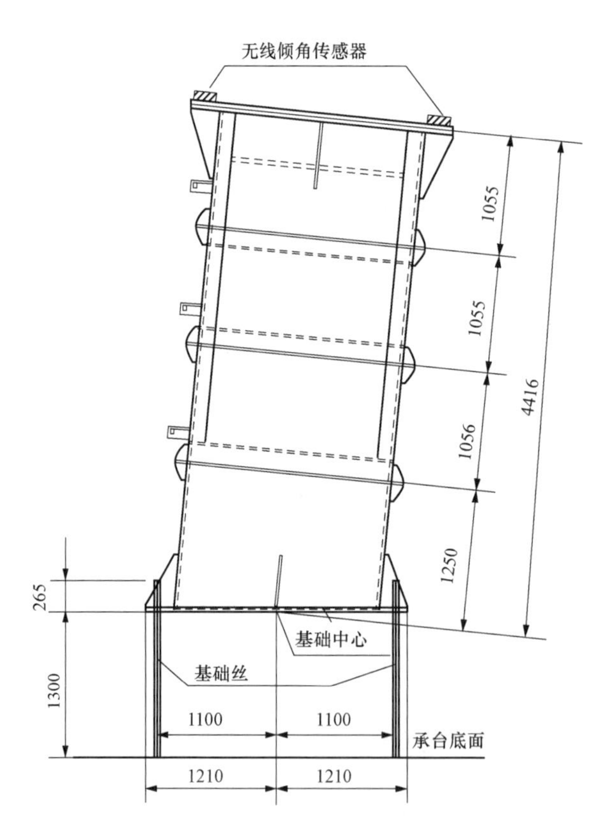

图1-20 传感器安装位置图

【适用范围】

本经验适用于大跨越、大型插入式钢管高立柱基础定位精度控制施工。

【经验小结】

本经验介绍了大跨越插入式钢管高立柱基础精度控制流程和关键点，在精度控制方面提出了使用全站仪对钢管上法兰表面通过“四线八点”方法对高差、根开尺寸进行测量，同时在对角线方向安装高精度无线倾角传感器实现实时快速监测的方式，并通过设置控制拉线的方式使其达到设计值，实现了大跨越插入式钢管高立柱基础定位高精度控制，对后续类似工程具有一定的参考价值。经现场应用，插入钢管基础根开最大偏差仅 9mm，误差率仅 0.19‰，高差最大偏差仅 7mm，达到了优良级标准。

经验 8　大跨越钢管自密实混凝土施工

【经验创新点】

某大跨越工程杆塔结构全高 345m，钢管总重 5107t，采用钢管自密实混凝土结构，C50 自密实混凝土灌注高度 93.5m。为解决高塔商混送料、钢管内下料、分层浇筑高度确定、C50 自密实混凝土配比设计、辅助浇灌设备研制等施工问题，本经验深入分析跨越塔结构特点，并结合国内现有浇筑方案优缺点，提出采用全塔分两段浇灌施工。高塔商混送料依次采用汽车泵送和 T2T1500 双平臂抱杆吊装料斗两种方式，钢管内下料均采用导管法，并设计采用了智能吊装料斗、高空浇筑平台等。

【实施要点】

该大跨越灌注高度仅为 93.5m，经综合比较，采用汽车泵送和 T2T1500 双平臂抱杆吊装料斗相结合方式。抱杆吊装料斗—导管浇灌法：采用高塔组立吊装时的起重座地抱杆，利用专用吊斗将混凝土吊至待浇灌主管上口，然后再灌入导管内。汽车泵送—导管浇灌法：采用大规格的汽车泵，直接将混凝土泵送至主管上口，再通过软管灌入布置在钢管内部的导管。

经计算分析，分层浇筑高度确定第一次灌注位于 27 段顶部，灌注高度 47.4m；第二次灌注位于 24 段第一节主管上法兰相连的止水板，灌注高度 93.5m。通过有限元分析模型验算得出第一次灌注混凝土在浇筑后、未成型前对钢管的环向压力从上至下逐渐增大，并在接近柱脚时达到最大值 34MPa，未达到钢管屈服强度，满足要求。

首次灌注采用 SYM5449THBE 560C—8A 泵车浇筑，最大布料高度 56m。混凝土汽车泵性能表见表 1-3，汽车泵送—导管浇灌法示意图如图 1-21 所示。

表 1-3　混凝土汽车泵性能表

性能参数	数值	性能参数	数值
最大混凝土理论输送量（m^3/h）	125	最大布料半径（m）	51
混凝土最大泵送压力（MPa）	12	最大布料深度（m）	36.6
最大布料高度（m）	56	输送管直径（mm）	125

第二次灌注，采用 T2T1500 抱杆吊装塔式起重机料斗（容量 $7m^3$）浇筑，单侧起吊总重量为 18.7t，T2T1500 双平臂抱杆性能参数表见表 1-4，抱杆吊装料斗—导管浇灌法如图 1-22 所示。

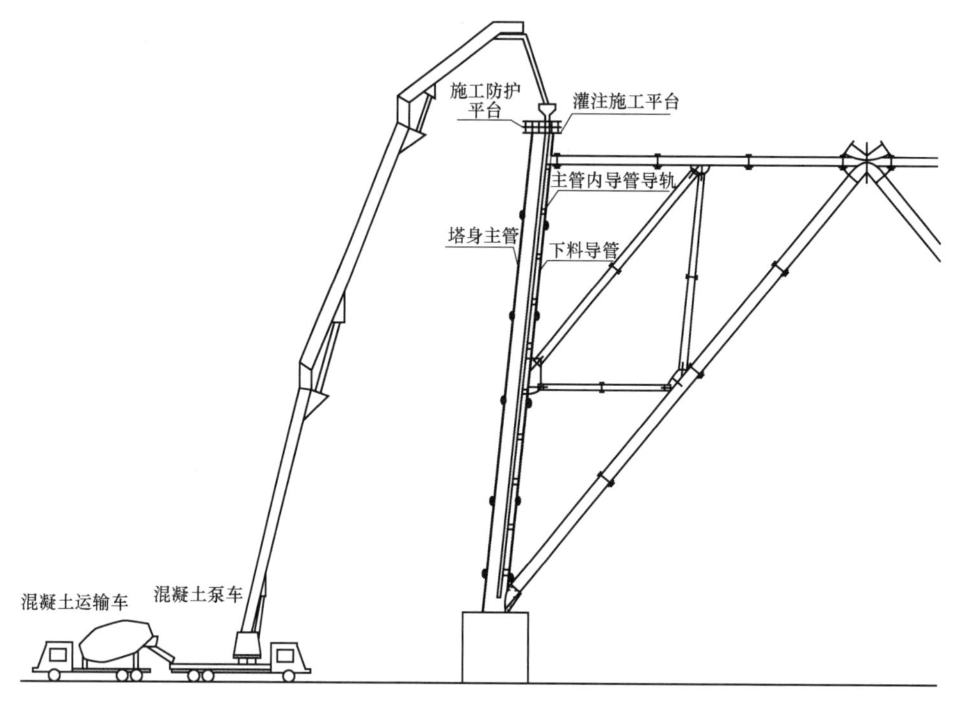

图1-21 汽车泵送—导管浇灌法示意图

表1-4　　T2T1500双平臂抱杆性能参数表

性能参数	数值	性能参数	数值
整机设计安全系数	工作工况≥2.0	速度（m/min）	0～20/0～20
额定起重力矩（t·m）	1500	回转速度（r/min）	0～0.4
工作幅度（m）	5～50	变幅速度（m/min）	0～20/0～20
起重量（t）	30/30	两侧最大起重力矩差（t·m）	450

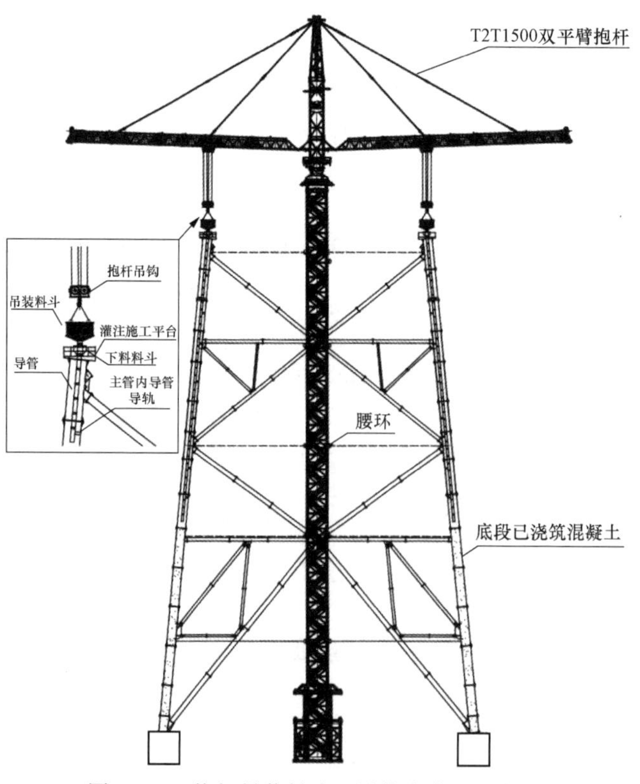

图1-22 抱杆吊装料斗—导管浇灌法示意图

（1）自密实混凝土原材选用及配合比设计。按 JGJ T 283—2012《自密实混凝土应用技术规程》中所列公式进行理论计算，粗骨料体积系数按 0.33 考虑，沙的体积系数按 0.42 考虑，水泥、粉煤灰、矿粉、沙、碎石、水、外加剂、膨胀剂的设计配合比分别为 430、52、42、675、941、199、7.9、52，经实测，自密实性能坍落扩展度为 560mm、14 天膨胀率为 0.017%、混凝土试块 28 天强度平均达到 C52，满足设计要求。

（2）智能料斗研制。研制料斗高度为 1.4m，顶部设计有盖板，防止吊装过程中混凝土抛洒。料斗中设置 2 个高度传感器，实时检测混凝土面高度，与料斗配套的遥控操作面板实时显示剩余混凝土容量。料斗底部设置电动阀门，操作人员可通过遥控操作面板控制料斗底部电动阀门装置开合，实现料斗下料速度控制。智能料斗设计示意图如图 1-23 所示。

（3）高空浇筑平台研制。该操作平台由具有与倾斜钢管法兰盘配套的底座、卷扬机、导管固定支架、导管提升架及起重滑车等部分组成。平台与铁塔钢管法兰盘之间通过 4 颗 M72 螺栓连接固定，由一台固定在底座上的电动卷扬机提供动力，起吊钢丝绳在导管上端管身缠绕一圈后利用锁扣固定，通过提升架顶部起重滑车、提升架底部转向滑车进入卷扬机。当向上提升导管时，导管固定支架为打开状态，方便导管通过，当导管提升到预定高度，可将导管固定支架关闭，导管通过外部丝扣卡在导管固定支架上，高空浇筑平台如图 1-24 所示。

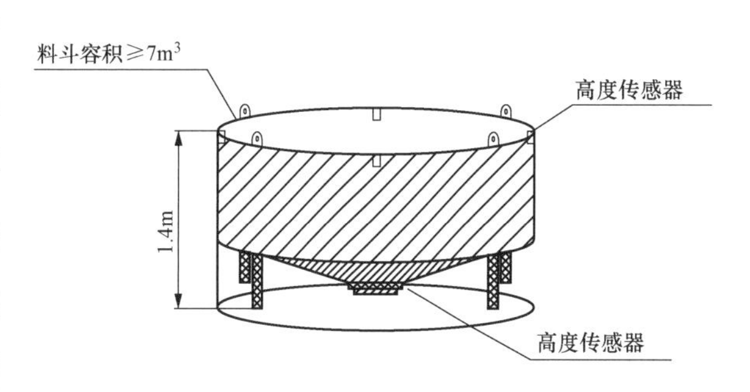

图 1-23　智能料斗设计示意图

（4）导管导轨设置与导管选择。钢管内应安装混凝土导管，混凝土浇筑前，使导管底部与上次混凝土顶面的距离为 30～50cm，以确保混凝土顺利扩散且不造成离析。铁塔钢管内应设置导轨，便于混凝土导管放入和拔除。混凝土导管可选择接头带倒角的，与预先安装在管内的导轨能够顺利地上下移动，减小摩擦阻力。

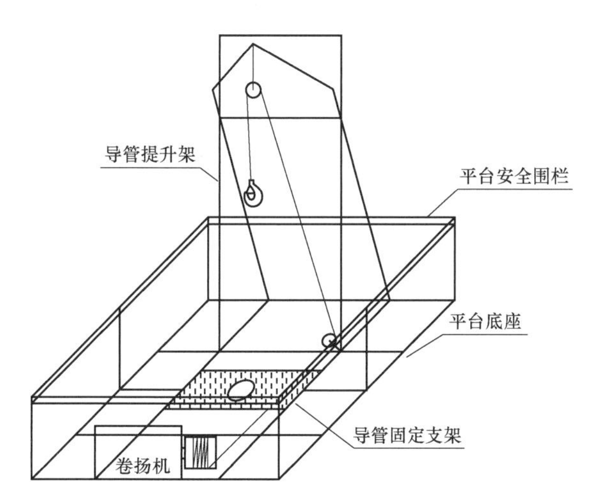

图 1-24　高空浇筑平台

（5）注意事项。

1）主管吊装时，即在上、下主管贴合面位置，沿主管壁厚位置，打设 2 圈连续贯通的耐候性硅酮结构胶，形成一道严密的阻隔墙，作为防渗漏的最直接措施。

2）由于钢管的导热系数大，钢管混凝土的降温过程加快。相较于养护条件好的混凝土结构，其最大升温明显减少，混凝土的降温速率稍快但依然在合理范围内。值得注意的是：该钢管混凝土大跨越杆塔的浇筑施工均是在春夏完成，环境温度较高，当气温较低时，应采用合理的手段进一步加大混凝土的降温速率，保证其养护条件。

3）分段浇筑施工缝处宜浇筑成凸面，二次浇筑前应凿毛并清理，严禁在施工缝处夹杂碎渣或杂物，施工缝处应设置补强钢筋。下段钢管内混凝土浇筑完毕后即可进行上段塔材的组立，但上段钢管内混凝土浇筑需待下段混凝土强度达到70%后再进行。

【适用范围】

本经验适用于钢管自密实混凝土施工。

【经验小结】

（1）针对设计浇筑高度在100m以下的钢管混凝土施工，提出采用抱杆吊装料斗和汽车泵送两种导管浇灌法送料方式。

（2）分析了分层浇筑高度的确定原则：一是分层浇筑必须在每个设计塔段组装完成形成稳定结构的基础上，二是单次浇筑的高度不宜过高。

（3）介绍了自密实混凝土原材选用及配合比设计的理论依据。

（4）为顺利完成混凝土浇灌，介绍了智能料斗、高空浇筑平台两种辅助设备的使用。

（5）提出了钢管混凝土施工过程注意事项，如主管结合面防渗漏措施、钢管混凝土养护、二次浇筑施工缝处理等。

经验9　大跨越复杂地质钻孔灌注桩成孔机械选用及质量控制

【经验创新点】

某大跨越塔基础采用钻孔灌注桩和承台相结合型式，共计158根桩，最深者达50m，单基灌注桩总容量超过5700m³，基础结构立面图如图1-25所示。工程地貌单元为长江冲积平原（河漫滩），地基岩土主要由上部的第四系全新统冲积、湖积形成的黏性土、淤泥质土、粉砂、细砂、碎石土和下伏白垩系基岩组成。地质勘探成果表明，16.3m以下以粉土、粉砂、细砂及粉质黏土为

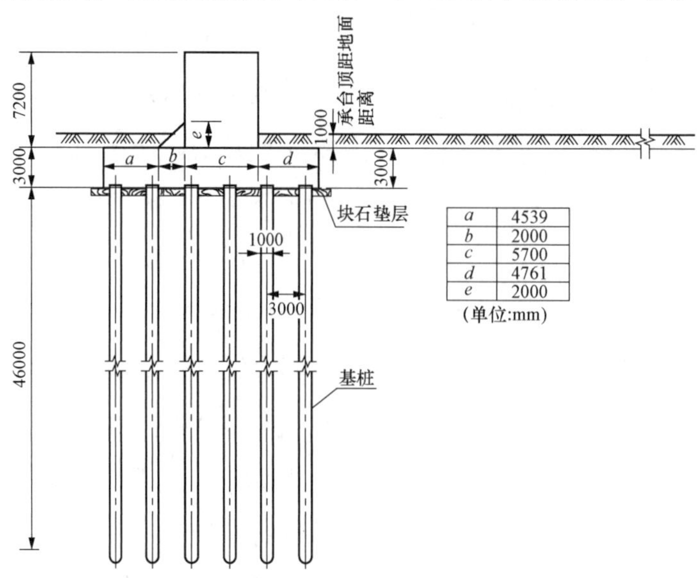

图1-25　某大跨越塔基础结构立面图（单腿）

主，16.3～40.5m 以粉砂、粉土、中粗砂为主，40.5m 以下则为卵石层及粉砂岩层。针对原定方案采用反循环钻机进行桩基施工时，较深地层中风化粉砂岩的钻进效率较低，本经验经勘探调查后采用旋挖钻机施工方式，并结合现场复杂地质制订措施，提升施工效率和成孔质量。

【实施要点】

在以往的大跨越基础施工中，常选用成本更低的循环钻机。在初版技术方案中，原定采用反循环钻机进行施工，其工作示意图如图 1-26 所示。

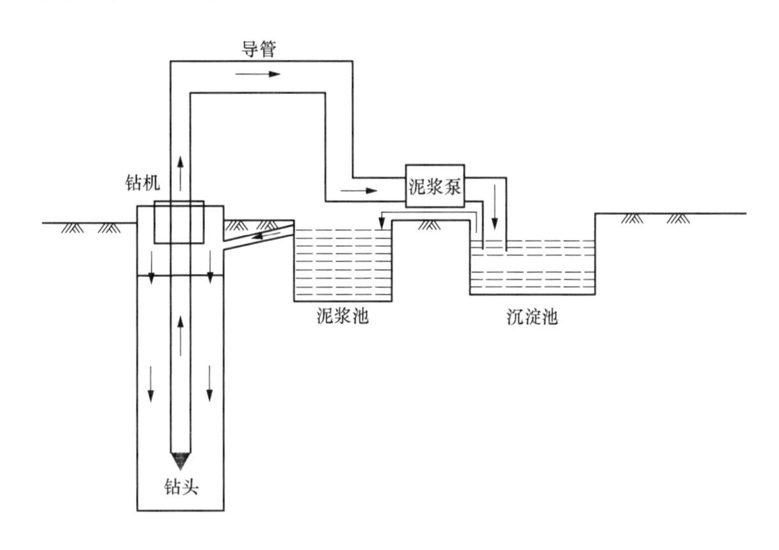

图 1-26　反循环钻机工作示意图

受循环钻机工作原理限制，其对岩石层的钻进效率差强人意。针对该工程较深位置的中风化泥质粉砂岩层，决定改用切削岩层更快、自动化程度更高的旋挖钻机进行施工，其工作流程如图 1-27 所示。旋挖钻机相较传统钻机具有面对岩层时钻孔速度快、可有效减少孔底成渣、工作不易受不良天气影响、泥浆处理相对容易等优点。

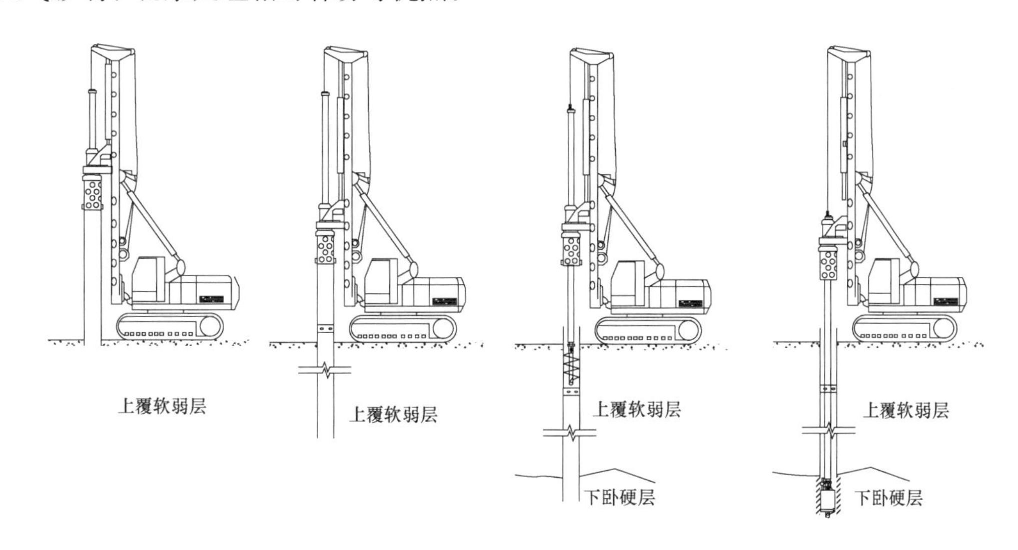

图 1-27　旋挖钻机工作流程图

在开展施工前，应预先埋设钢护筒以防止塌孔，同时保持护壁泥浆水头高度。旋挖钻机伸缩杆驱动顶端焊有切削刀具的钻斗，通过旋转切削的方式挖掘孔内岩土，过程中形成的土渣会进入旋挖钻斗内，待其装满后提出至孔外进行卸土，如此反复循环成孔。工程上采用膨润土等造浆护壁，利用泥浆泵向护筒内注入泥浆。再钻至设计孔深，经验收无误后，用旋挖钻头空转清孔以去除孔底沉渣。

该工程大跨越塔基础所处位置表层属流砂地层，在此地质利用旋挖钻机成孔难度较大。其主要原因在于旋挖钻头对孔壁施加的荷载会造成土层失稳，而流砂层黏性不足、稳定性较低，很容易因自身重力形成塌孔现象。加之旋挖钻机与传统钻机在掘进方式上有根本不同，需要从以下几方面入手优化旋挖钻孔灌注桩施工方案。

1. 高护筒埋设

护筒埋设不仅可以增强孔壁稳定性、有效防止塌孔，也是保证桩基垂直度偏差符合要求的措施之一。针对流砂层等特殊地质条件，应适当加大护筒尺寸及埋深，确保其穿过不稳定地层，以防止地层坍塌失稳。

根据地质勘查结果，该工程订制8m长钢护筒，选用加厚钢板卷制，为保证其强度在钻头冲击下不易变形，在护筒端口、接缝处通过补焊加强。护筒埋设需保证护筒坚实、不漏水以保持水头高度。护筒埋设深度需穿过流砂层进入稳定土层。护筒内径需大于钻头直径（约200mm）。护筒埋设位置须准确，露高、平面位置误差、垂直度误差等需满足设计要求。护筒埋设高度需保证孔内水头高度。

2. 新型制浆材料及泥浆配比

旋挖钻机工作时，孔内泥浆会在孔壁上产生一层泥皮，这对于提升孔壁的稳定性、预防塌孔起到了一定作用。合理配比并使用好泥浆是保证复杂地质桩基工程质量的重要因素。优质泥浆可确保孔壁稳定，且具有良好的携带岩粉能力，但是比重、黏度、失水量过大的泥浆必然会降低钻进速度，导致泥皮过厚，直接影响钻进阻力。

鉴于该工程桩基施工现场地层造浆能力相对较弱，因此采用人工膨润土造浆法，并加入适量分散剂，每m^3加入不超过1kg纤维素助浆剂，从而保证泥浆性能，泥浆配比及性能指标见表1-5。地层含有粉砂层，通过循环、携带岩粉，泥浆中的含砂率会快速增加，泥浆的比重增加，黏度降低，性能下降，因此必须及时加入膨润土等化学液调制泥浆，降低泥浆失水率。

表1-5　泥浆配比及性能指标

地层	配比（kg/m^3）				性能指标			
	膨润土	纯碱	水	纤维素	比重	漏斗黏度（s）	pH值	含砂率（%）
一般	10～12	0.8～1.0	100	0.8～1.0	1.05～1.08	16～20	8～10	≤4
漏失	15	0.8～1.0	215	0.8～1.0	1.08～1.10	18～28	8～10	≤4

3. 二次清孔

考虑工程实际情况，并结合现场地质，决定采用二次清孔法，即在达到设计深度后静置，利用钻斗进行第一次清孔；在下入钢筋笼、浇筑导管后进行第二次清孔，以清除吊放钢筋笼期间掉落的杂质。

当钻进至设计孔底标高，确认各项参数符合设计要求后，即可开始第一次清孔。旋挖钻机静置30min至1h，让孔内杂质充分沉降至孔底，再空转清渣，将堆积的沉渣杂物清理干净。在清孔排渣时，严格控制钻杆姿态，不可随意加深钻进，同时保持孔内水头以防止塌孔。第二次清孔利用混凝土导管进行，清孔时要勤动导管，但不得猛拔猛插，防止破坏孔底结构。清孔后孔内应保持一定的水头高度，并应在半小时内进行浇筑。

【适用范围】

本经验针对包括大跨越在内输电工程基础钻孔灌注桩施工，对于塔位设在包含流砂层的复杂地质的情况尤为适用。

【经验小结】

旋挖钻机应用于包含流砂层复杂地质下的大跨越工程基础灌注桩施工，通过应用高护筒及新型制浆材料，针对不同地层选择对应的钻孔方法，并运用高科技手段保障成孔质量。经现场实际应用，施工效率大幅提高，桩基质量符合要求，达到预期目标。在采取有效措施优化施工方案后，大跨越桩基施工效率及成孔质量均得到显著提高。

经验10　河网区域钢板桩临时围堰施工

【经验创新点】

在河网区域特高压线路工程施工中，时常需要在水域中修建大型承台，此时临时围堰的实施必不可少。采用传统材料的草土围堰、土石围堰、混凝土围堰等形式工程量较大，在水利水电工程建设中使用较多，用作修建水域承台的临时围堰并不适合。钢板桩围堰可适用于流速较大的砂类土、黏性土、碎石土及风化岩等坚硬河床，可满足河网区域大部分情况下的地质条件要求，防水性能好、整体刚度较强，经过多年的运用已经取得了丰富的施工经验，与钢吊（套）箱围堰等高强围堰形式相比，其工程造价相对较低，施工工艺也更为成熟，因此，在进行河网区域的特高压线路水域承台施工时，钢板桩围堰成为首选。

针对钢板桩围堰的施工需求，对河网区域钢板桩围堰从整体方案设计到结构受力分析，建立了一整套完备方案，编制了适用于湖北河网区域特高压线路水域承台建设的钢板桩围堰结构计算软件，界面如图1-28所示。

经过对使用骑桩自走式静压植桩机为河网区域钢板桩围堰施工主要设备可行性的认真分析，对自骑式静压植桩机施工工艺和操作方法的全面调查，实现了将该种设备引入河网区域钢板桩围堰施工，可满足河网区域施工设备轻便化、小型化的要求。自骑式静压植桩机全套工作系统和静压植桩机的压入机理分别如图1-29和图1-30所示。

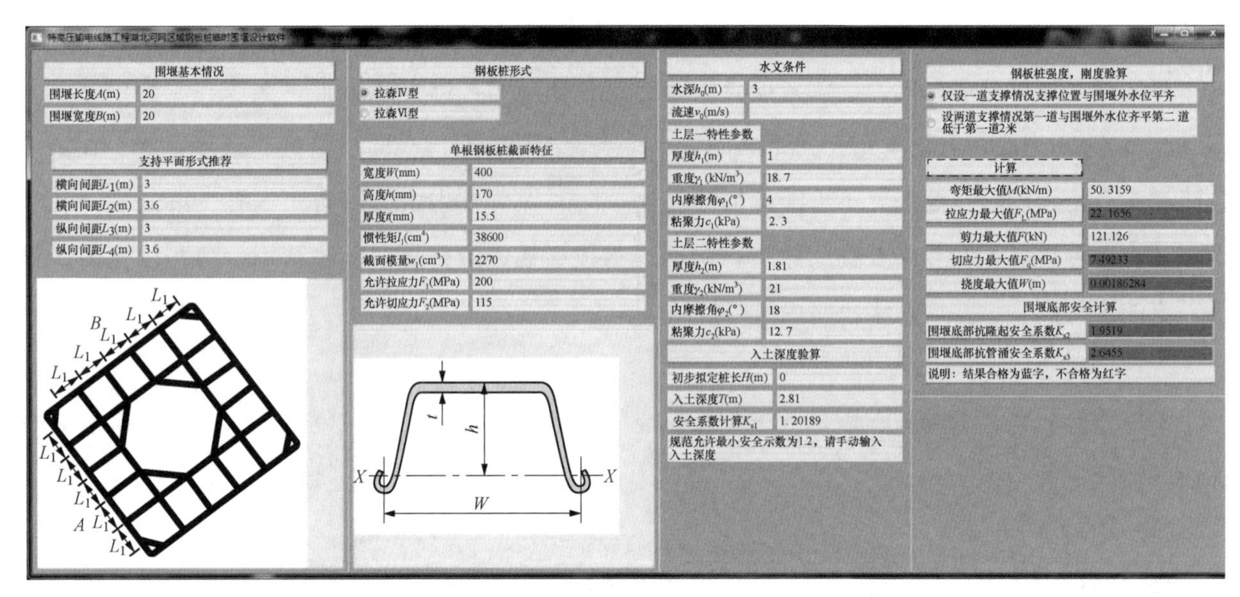

图 1-28　钢板桩围堰设计软件

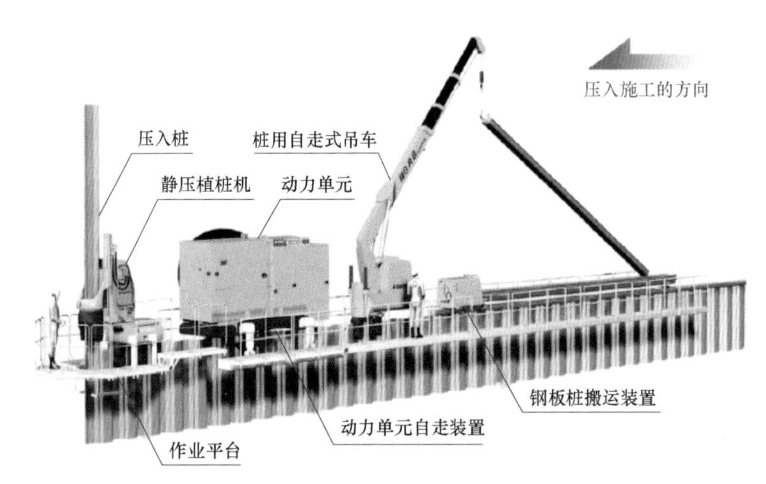

图 1-29　自骑式静压植桩机全套工作系统

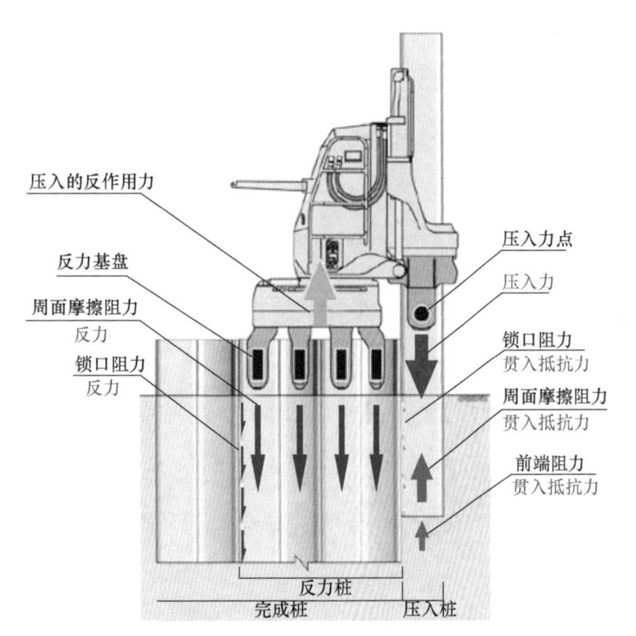

图 1-30　静压植桩机的压入机理

【实施要点】

1. 施打过程中常见问题及其监控措施

（1）预防钢板桩倾斜。钢板桩倾斜主要是由于钢板桩自身扭曲变形，以及施打过程中导向装置不合理，或遭遇坚硬土质锤力过大导致变形或移位而产生。应加强对钢板桩的筛选，剔除变形过大的钢板桩，变形较小的钢板桩运到工地后，需进行整理。

（2）预防锁口脱离。锁口脱离主要在不同类型或型号的钢板桩相互组合和变形钢板桩之间相互扣连，不同类型或型号的钢板桩锁扣类型截然不同，如国产钢板桩与德国拉森钢板桩，相互组合时锁口咬合不紧，极易发生锁口脱离，应避免这样组合使用。

（3）无法合拢。钢板桩合拢是板桩围堰施工成败的关键，然而由于施工不当，常常造成钢板桩无法合拢或合拢困难，板桩合拢时注意插打顺序。

2. 围堰内施工作业时常见问题及监控措施

（1）漏水。围堰漏水主要是指板桩锁口漏水。出现渗漏时，采用在锁口处的围堰外侧利用导管投撒煤渣、木硝、谷糠等或混合物，沉至漏水处即可堵塞漏水。

（2）管涌。在施工前应熟悉并掌握施工范围地质情况，进行坑底管涌验算，确定板桩入土深度，即控制合理的渗水流程。保证封底混凝土施工质量，避免封底混凝土夹层。

（3）隆起。隆起主要发生的地质条件是软弱、有地下水的黏土层，当板桩背后的土柱质量超过基坑底面地基承载力时，地基的平衡状态受到破坏，可将板桩周边一定范围内的土体在板桩施工前予以清除，降低内外土体高差，以及确定合理钢板桩踢脚深度。

（4）倾覆垮塌。倾覆垮塌是钢板桩围堰施工中最为严重的事故，导致事故发生的原因分布在各个节段，主要体现在：①钢板桩材料管理；②钢板桩焊接；③围囹支撑；④钢板桩入土深度的选择。

【适用范围】

钢板桩围堰是常用的一种板桩围堰，其强度高，容易打入坚硬土层，可在深水中施工，必要时加斜支撑成为一个围笼。钢板桩围堰防水性能好，其适用的水域地层类型包含流速较大的砂类土、黏性土、碎石土及风化岩等坚硬地层，但不适用于有大漂石及坚硬岩石的地层。该工程河网区域范围内湖泊星罗、水网交织、垸堤纵横，但地表组成物质以近代河流冲积物和湖泊淤积物为主，主要包括细砂、粉砂及黏土，因此从工程地质条件角度考虑钢板桩围堰是能适合本项目大部分实施地点的地质条件。

【经验小结】

（1）编制了适用于河网区域特高压线路水域承台建设的钢板桩围堰结构计算软件。

（2）编制了《河网区域输电线路水域承台钢板桩围堰施工指南》。

（3）优化钢板桩的施工工艺，采用静压植桩机作为1000kV特高压输变电工程河网区域钢板桩围堰施工的打拔设备。

经验11　河网区域水面施工临时作业平台应用

【经验创新点】

针对河网区域水面施工临时作业平台搭设的需求，根据特高压线路工程在河网区域的施工条件，考虑施工设备质量、所需承载能力及经济性等要求，本经验重新设计并验算了适用于水面施工的临时作业平台，提出采用钢结构和浮体模块化拼接方式，以方便浮式平台的转场和重复利用，岸边支撑结构和锚泊定位系统保证平台的安全可靠性。

（1）钢结构和浮筒组装的浮式平台。采用钢结构、浮筒组装拼接的浮式平台作为履带式起重机施工平台，其施工过程如图1-31所示。

（2）岸边支撑结构。采用的岸边支撑结构示意图如图1-32所示。

（3）锚泊定位系统。由于浮式平台是漂浮在水中，要保证浮式平台的正常工作，必须依靠定位系统的定位作用。锚泊定位工程应用比较成熟，因此本浮式平台采用锚泊定位方式，以保证浮式平台在各工况下的作业和自存能力。浮式平台的锚固定位主要依靠插杆定位系统，共布置8根插杆，分布在浮式平台的四个角点和中间位置，另外在浮式平台两个进口位置还各布置4根牵引钢丝绳，充分保证浮式平台的牢固可靠。

图1-31 钢结构+浮筒浮式平台施工过程

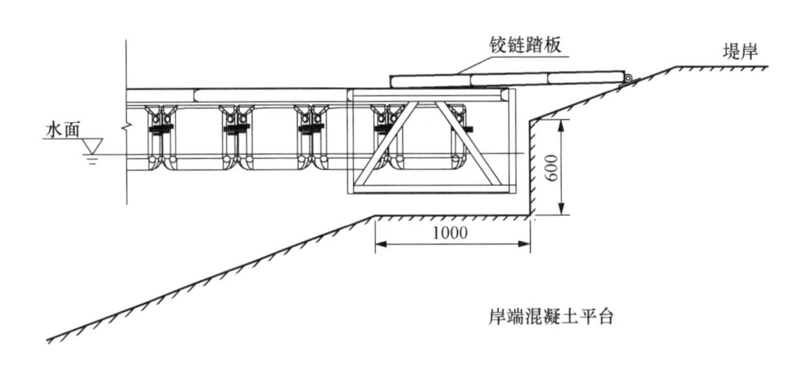

图1-32 浮式平台岸边支撑结构示意图

【实施要点】

（1）钢结构整体由若干型钢焊接的钢结构模块拼接而成，拼接方式包括铰接和螺栓固接两种方式，并在钢结构上方铺有钢板，钢板与型钢采用螺栓固接。钢结构整体承受下锚机和锚杆质量及施工过程中产生的惯性力和冲击等。

（2）下锚机在进入平台时为最危险工况，此时由于平台仅有少量浮体提供浮力，平台进口处产生较大的垂向位移，极易翻落水中。为了解决该问题，首先浮式平台岸边应做斜坡处理，且在岸边做一个1m长、高度为600mm的混凝土凹槽，并在浮式平台进口处底部布置支撑结构，从而使下锚机上下平台时，平台进口处底部与混凝土基础首先接触，起到支撑作用；其次，在岸边与平台进口处需布置两个1.5m×1m的钢结构踏板过渡，踏板在岸边的一端采用膨胀螺栓固定于混凝土斜坡处，在浮式平台的一端不做固定，任由浮式平台随浮体水位上下浮动时自由活动。

【适用范围】

适用于浅水域遍布的河网地区。

【经验小结】

（1）根据特高压线路工程设计及施工特点、河网区域的地理特点，以及对特高压线路工程施工的影响，详细设计水面施工临时作业平台，具体包括浮式平台的实施方案、关键尺寸设计、支撑结构设计、浮体选材与设计、岸边结构设计和定位系统设计，平台满足工程应用中安全可靠性、经济性和实用性要求。

（2）结合理论和数值分析方法，对浮式平台的稳定性、刚度、强度和动力学等使用性能进行分析。理论分析方面，采用等排水量法计算分析浮式平台的横倾稳定性，验证平台的回复力矩等参数已达到实际工程要求；数值仿真分析方面，通过有限元方法，对浮式平台在多个工况下进行静力学分析和动力学分析，验证了浮式平台的刚度、强度和动态特性能够满足实际工程要求。

经验 12　人工挖孔桩基础钢筋保护层调距装置研究与应用

【经验创新点】

当采用人工挖孔基础时，按照设计单位及标准工艺相关要求，当基础浇筑完成后，混凝土内钢筋笼主筋需与混凝土外壁留有一定距离，即为钢筋保护层。本经验针对现有施工工艺，提出新型钢筋保护层调距装置，能够有效控制保护层厚度，满足施工现场实际需求。

钢筋保护层调距装置，包括相互平行且间隔设置的第一夹板和第二夹板，并通过紧固件固定连接。第一夹板外侧设有顶板，通过花篮螺母可拆卸固定连接，以实现第一夹板和顶板之间间距可调。钢筋保护层调距装置及其组成部分施工图如图 1-33～图 1-37 所示。

钢筋保护层调距装置具体组成部分及作用如下：

（1）支撑钢片：用于顶撑于圆形模板内壁。

（2）花篮螺母：由两个螺母及两个钢条焊接而成，用于连接支撑钢片和 1 号夹板，调距间隙为 40～70mm。

（3）1 号夹板：基础钢筋外侧夹板。

（4）当 1 号夹板和 2 号夹板夹住钢筋后，通过图 1-33 所示的螺栓及螺母进行紧固。

（5）2 号夹板：基础钢筋内侧夹板。

（6）支撑钢片构成：①M6 螺栓；②弧形钢板（可根据模板内壁弧度相应制作）。两者连接方式采用焊接，焊接完成后用角磨机磨平。

（7）花篮螺母构成：由两个螺母及两个钢条焊接而成，焊接完成后使用角磨机进行打磨光滑。

（8）1 号夹板构成：①M6 螺栓；②弧形钢板（可根据模板内壁弧度相应制作）。两者连接方式采用焊接，焊接完成后用角磨机磨平。

（9）2 号夹板构成：弧形钢板，弧度与钢筋笼圈里弧度一致。

【实施要点】

调距装置在使用前需要进行统一调节，按照相关规范要求调距装置在误差范围内，调节距离一致。在混凝土浇筑过程中随着混凝土液面升高，需要对调距装置进行拆卸，避免浇入混凝土内。钢筋保护层调距装置已成功应用于青海—河南±800kV 特高压直流输电线路工程（陕 2 标段），如图 1-38 所示。具体施工流程图如图 1-39 所示。

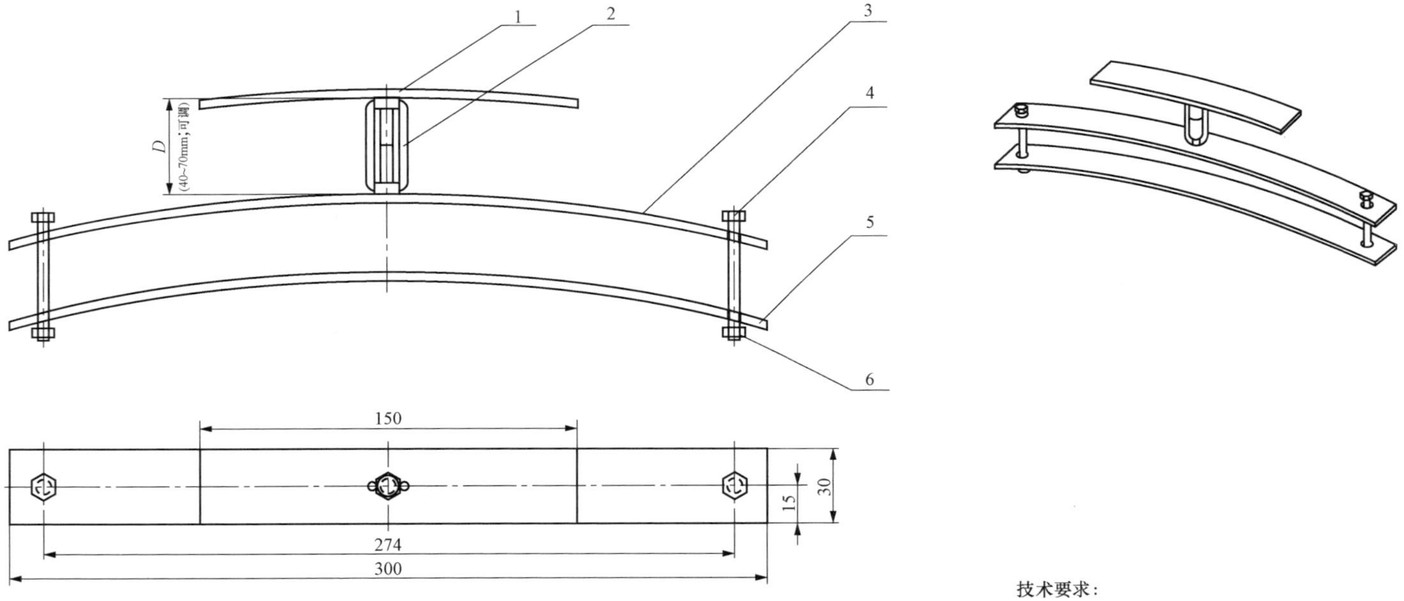

技术要求：

1.序号1、2、3、5均做表面防锈处理(镀锌或发黑均可);

2.本部件利用序号2可调节间距范围为40~70mm;

3.螺栓与螺母齿形完好;旋合顺畅。

序号	代号	名称	数量	材料	重量		备注
					单件	总计	
1	DQG-KT000-01	顶板	1	焊接件	0.11	0.11	
2	DQG-KT000-02	花篮螺母	1	焊接件	0.008	0.01	
3	DQG-KT000-03	夹板一	1	焊接件	0.215	0.22	
4	GB/T 5783—2000	螺栓 M5×50-Zn·D	2	8.8	0.003	0.01	
5	DQG-KT000-04	夹板二	1	Q345-B	0.211	0.21	
6	GB/T 6170—2000	螺母 M5-Zn·D	2	8	0.001	0	

图1-33 钢筋保护层调距装置施工图

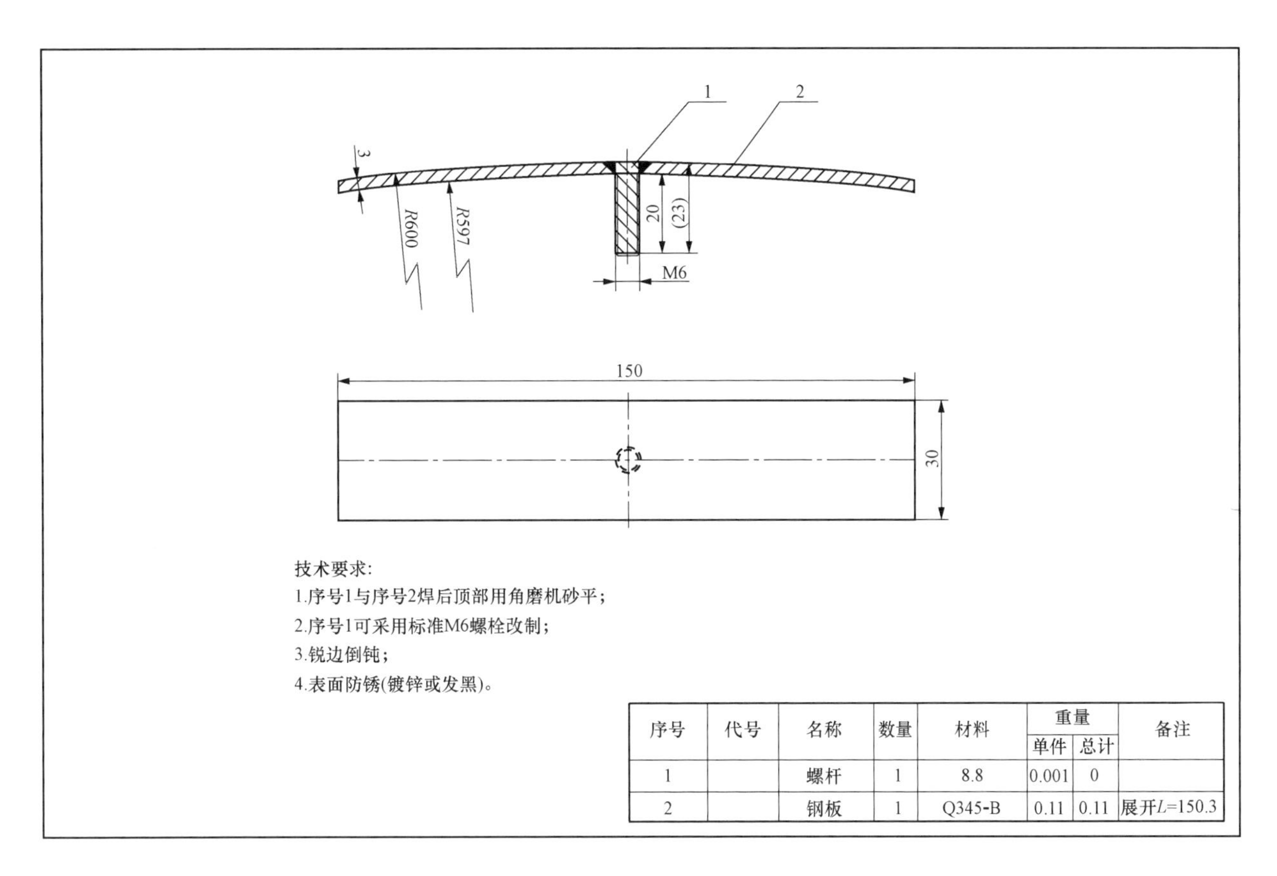

技术要求:

1.序号1与序号2焊后顶部用角磨机砂平;

2.序号1可采用标准M6螺栓改制;

3.锐边倒钝;

4.表面防锈(镀锌或发黑)。

序号	代号	名称	数量	材料	重量		备注
					单件	总计	
1		螺杆	1	8.8	0.001	0	
2		钢板	1	Q345-B	0.11	0.11	展开L=150.3

图 1-34　顶板施工图

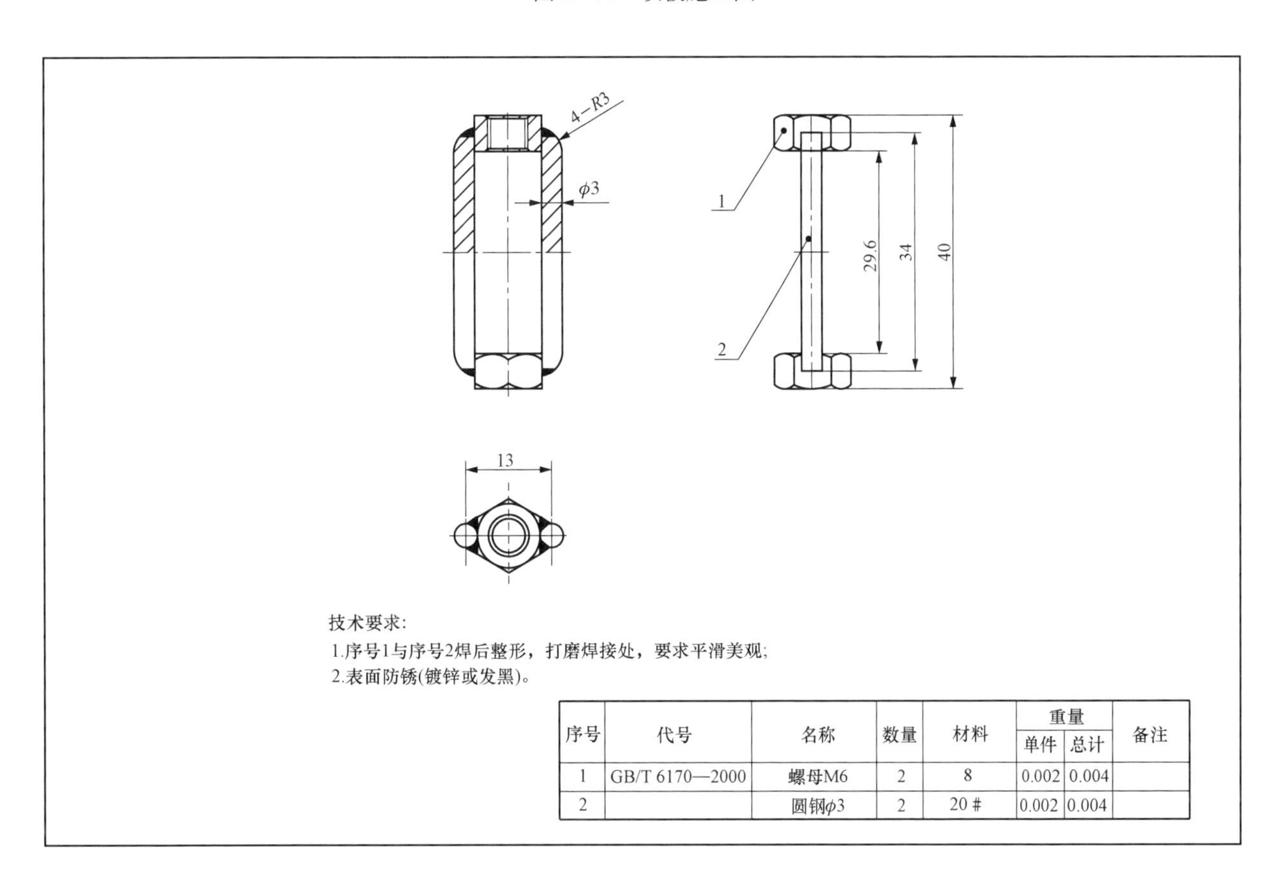

技术要求:

1.序号1与序号2焊后整形，打磨焊接处，要求平滑美观;

2.表面防锈(镀锌或发黑)。

序号	代号	名称	数量	材料	重量		备注
					单件	总计	
1	GB/T 6170—2000	螺母M6	2	8	0.002	0.004	
2		圆钢φ3	2	20＃	0.002	0.004	

图 1-35　花篮螺母施工图

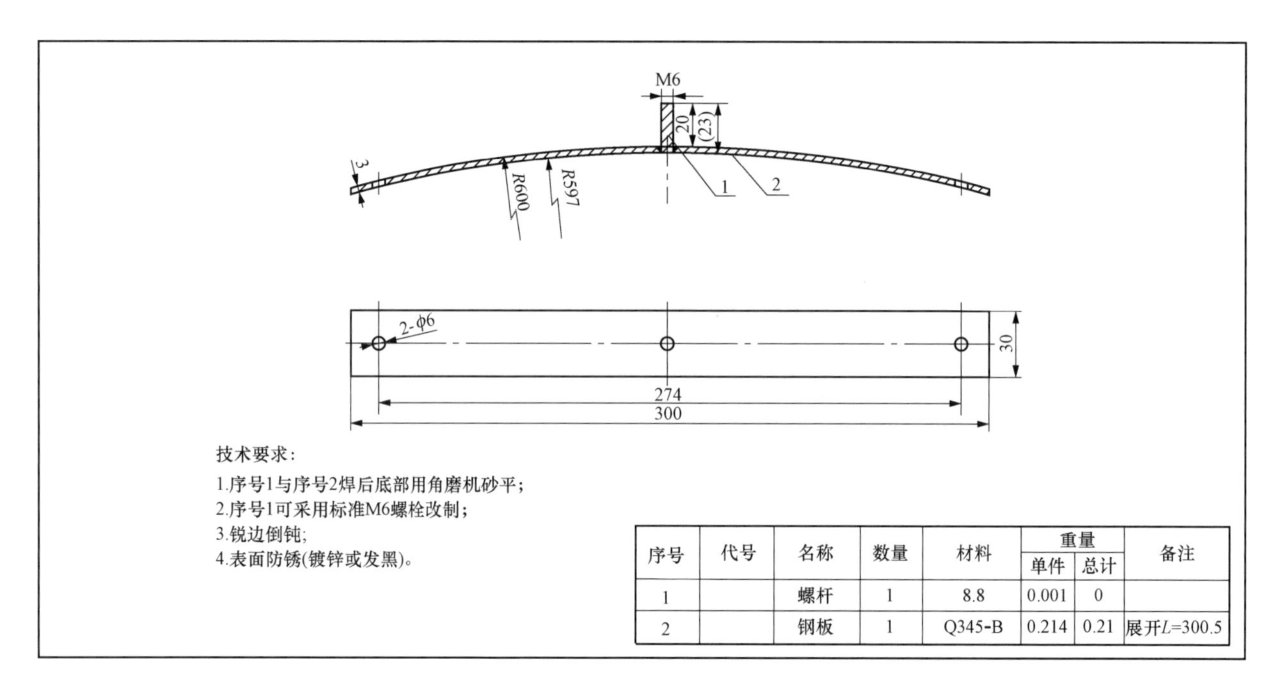

序号	代号	名称	数量	材料	重量		备注
					单件	总计	
1		螺杆	1	8.8	0.001	0	
2		钢板	1	Q345-B	0.214	0.21	展开L=300.5

图 1-36　1 号夹板施工图

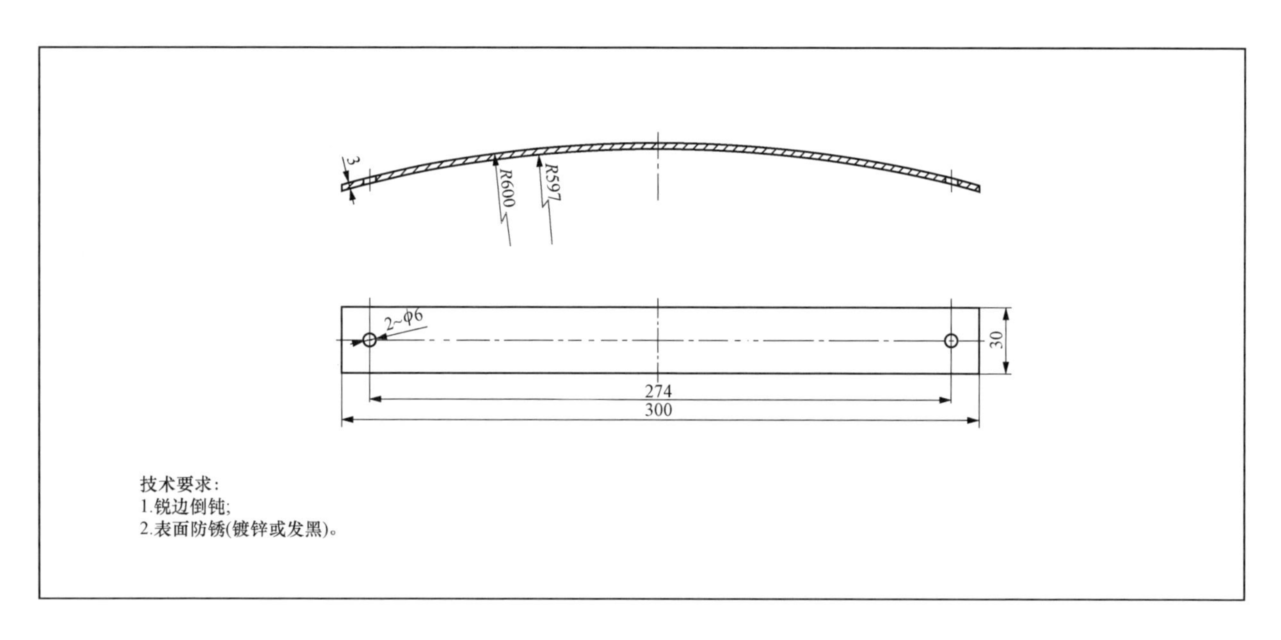

图 1-37　2 号夹板施工图

【适用范围】

本施工方法适用于输变电施工现场各类桩径的人工挖孔基础，满足各种规格主筋直径。

【经验小结】

通过青海—河南±800kV 特高压直流输电线路工程（陕 2 标段）的成功应用，证实了钢筋保护层调距装置的实用性与可靠性，能够有效限制钢筋笼在下坑后发生歪斜，从而导致保护层厚度不一致的现象，其结构简单、制作方便，可以批量生产，能够保证钢筋保护层厚度均匀一致，确保成品质量、减少返工率的同时，达到了节约资金的目的。

图 1-38　钢筋保护层调距装置现场应用实物图

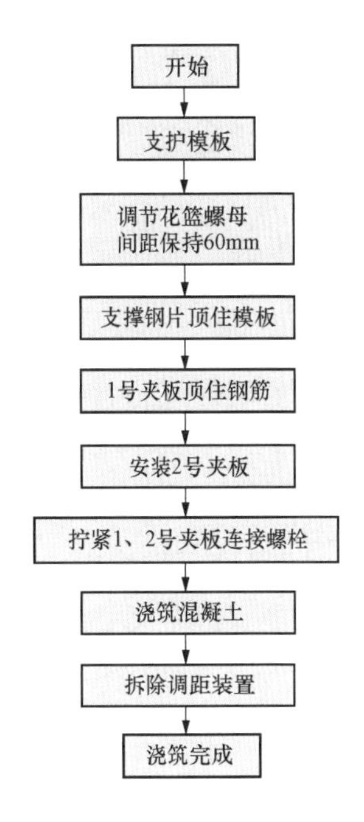

图 1-39　钢筋保护层调距装置施工流程图

经验 13　沙戈荒边界条件下混凝土养护技术

【经验创新点】

针对戈壁沙漠等气候干燥、水源匮乏、常年少雨、大风极旱、日照时间长、蒸发量大地区，就输电现浇混凝土养护研制了智能滴灌养护装置，通过预埋在混凝土内的温度传感器和安装在混凝土表面的湿度传感器将其数据传输到智能控制装置，分析、调节电磁阀排水，进行滴灌。合理控制混凝土里内外温度、湿度，降低了混凝土表面热扩散、内外温差值、自约束应力、降温速率，还延长了散热时间，从而达到了抑制混凝土表面产生裂纹和出现不均色差的目的，提升了基础成品观感度和质量。

（1）基础混凝土养护作业实现全过程智能化，采用模块化的智能控制装置，实现对混凝土养护过程的精准控制，确保养护质量。

（2）在智能控制模块中引入温度和湿度控制理论进行混凝土基础养护，实现了通过温度、湿度的变化来调节滴水量大小，节约水资源。

（3）通过手机等移动终端，实现了现场低水位自动报警的功能，减少现场值守人员，减轻劳动强度。

【实施要点】

1. 智能控制装置设计

智能型混凝土滴灌养护系统工艺原理如图 1-40 所示，其中智能控制装置盒是实现智能养护的关键设备，根据环境温度、混凝土内部温度、混凝土表面湿度等综合因素，通过综合计算控制滴灌养护装置的供水量，并能实现储水箱水位监测和缺水告知功能。根据输电施工环境，配置太阳能发电设备和蓄电池进行供电。智能控制装置按照高度集成、轻便、牢固可靠、操作方便的原则进行开发和设计，主要由温度控制模块、湿度控制模块、水位监测及报警模块、出水量控制模块和电源五大模块进行组成。

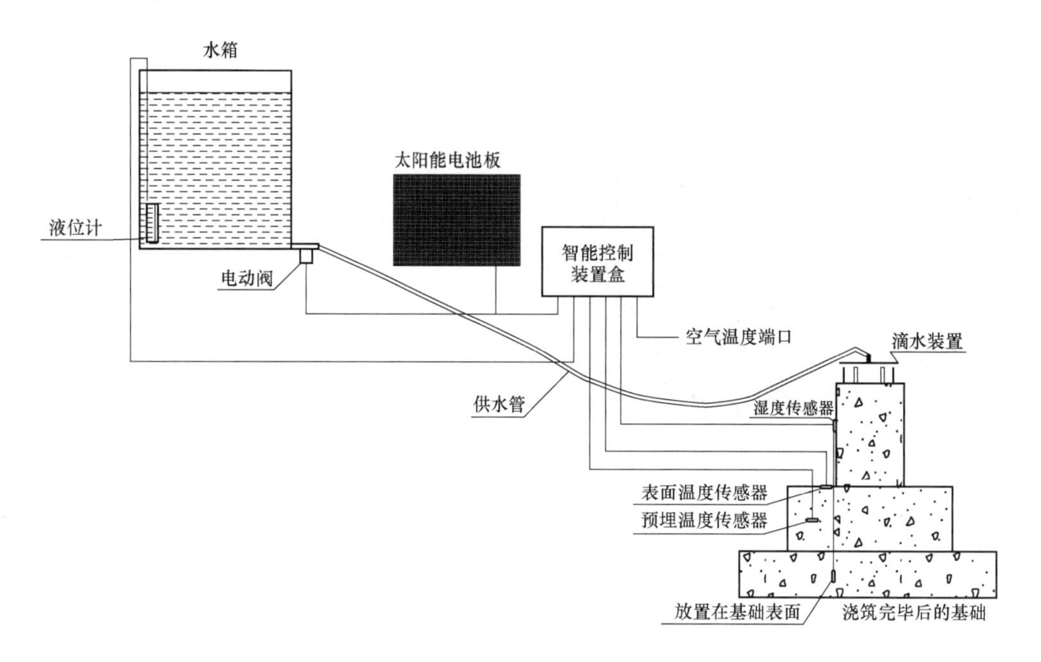

图1-40 智能型混凝土滴灌养护系统工艺原理图

（1）温度控制模块设计。温度控制模块采用分体式4～20mA信号采集，温度变送器到控制主机采用4～20mA电流信号传输，抗干扰性及传输距离都相对传统电压信号都有很大提升，传感器采用K型热电偶0～500℃传感器，配套温度变送器。温度传感器内置混凝土内部，更换使用地点时只需要拆掉温度传感器即可，不用更换整套温度控制模块，可极大节省使用成本。

温度控制模块检测混凝土内部温度和表面温度，根据对比内部温度和表面温度差，对电动阀门进行线性渐变控制，温度差越大，阀门开度越大，当内部温度和外部温度平衡时，关闭电动阀门。软件内部温度差、时间、开度比例采用PID调节算法。

（2）湿度控制模块。湿度传感器采用4～20mA模拟量输出三线制湿度传感器，同时预留0～2V电压输出及RS485接口。湿度传感器主要检测混凝土表面湿度，同时检测判断是否阴雨天气，当雨天时湿度过大，控制电动阀停止浇水。湿度传感器主要辅助温度传感器控制电动阀启停，当混凝土表面湿度达到95%，同时湿度差较小时，自动控制电动停止浇水，当湿度过小，自动控制电动阀少量浇水。

在智能控制模块中，预设当基础表面覆盖物内的湿度低于95%时，程序自动打开电动阀门开始给基础淋水，并预设程序每间隔10min对基础表面覆盖物内的湿度进行一次取样，并与预设值进行对比。当基础表面覆盖物内的湿度高于95%时即关闭阀门，滴水装置停止工作。

（3）水位监测及报警模块。水位监测及报警硬件采用水位传感器及GSM短信模块。当水位低于主机设定值时，触发软件报警参数DI1，主机能过软件内部发指令到GSM模块，GSM模块对设定手机拨打三次电话。通知工作人员及时给水箱加水。

短信发送模块主要技术特点：

1）宽电压供电：5～18V的DC电源供电，灵活适应不同供电电压的系统，短信模块供电特点是电压低、峰值电流大，供电电源电压越高，电流越小，电源压力就越小。

2）上电自动开机：上电无需按键或单片机控制开机，操作方便、简单。

3）电源可控制：模块电源可通过电源控制引脚控制，高电平供电，低电平断电。断电时模块功耗接近0，当模块出现死机时可通过程序控制模块重启，无需机器断电重启，引脚默认为高电平，不用可悬空。

4）串口TTL和RS232：模块可通过串口TTL或RS232电平控制，轻松接入各种单片机或其他串口设备中。

5）音频接口：音频输入和音频输出接口通过排针引脚，以供用户灵活使用。

（4）出水量控制模块。出水量控制主要通过运算结果，通过电动阀启闭大小实现出水量的精准控制。电动阀开度采用点动时间比控制，主要技术参数见表1-6。

表1-6　电动阀技术参数

项目	驱动电压	功率消耗	阀体承压	关断压差	启闭时间	口径	连接方式
参数	12V	2W	1.6MPa	≤0.04MPa	8s	DN25	ZG内管螺纹

（5）供电系统。考虑到输电施工环境条件，供电系统采用太阳能加锂电池组合供电系统，具体技术参数见表1-7和表1-8。

表1-7　太阳能板技术参数

项目	峰值功率 P_{max}	开路电压 V_{oc}	峰值电压 V_{mp}	峰值电流 I_{mp}	短路电流 I_{sc}	工作环境
参数	50W	21.6V	17.3V	2.9A	3.18A	－40～＋85℃

表1-8　锂电池技术参数

项目	输入电压	输出电压	接口规格	最大工作电流	电池容量	质量
参数	DC12.6V	DC12.6～10.8V	5.5mm 通用接口	10A	12 000mA·h	560g

2. 智能型混凝土滴灌养护系统现场应用

（1）养护施工准备。

1）预埋混凝土内部温度传感器。在基础混凝土浇筑时，按照基础施工方案的要求，提前在规定的部位预埋一定数量的温度传感器，便于后续混凝土内部温度数据的采集工作，为基础养护工作提供技术依据。

2）基础表面清理。基础混凝土拆模后，对基础表面杂物进行清扫，并对棱角进行修复。保证混凝土表面覆盖塑料薄膜时，防止覆盖物被刺破，影响密闭性。

3）对清理完成的基础表面、立面全部采用塑料薄膜或土工布进行覆盖和包裹。养护膜摊铺时，要边洒水边摊铺，并在摊铺同时排净膜内空气，以保证养护膜紧贴养护面；摊铺时要细心，发现养护膜破裂口或破洞，要及时修补，以确保养护质量。膜与膜粘接方式应视施工风向而定，同一个搭接口，遵循以顺风向膜在上，逆风向膜在下的方式搭接；立面应自上而下摊铺粘贴混凝土养护膜，相邻膜搭接宽度不少于100mm，并用胶带等粘牢接缝。

（2）系统安装调试。

1）储水箱与滴灌装置至少要有0.5m高差。储水箱出水口安装电动控制阀，阀门出口用供水管连接到滴水装置进水口，并在各连接部位加以固定。储水箱内部0.5m^{3}位置线设置液位计。

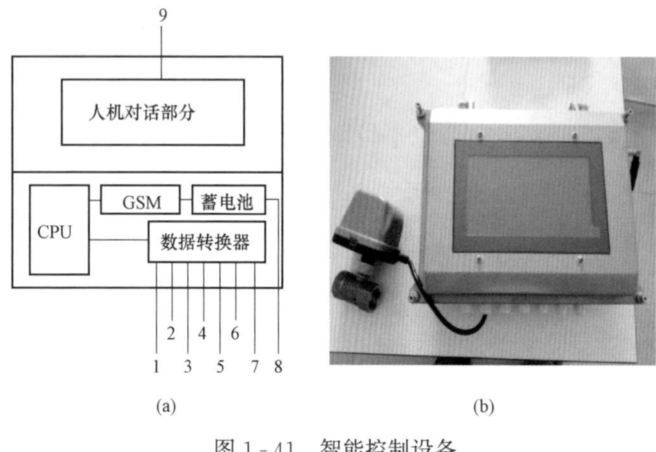

图1-41 智能控制设备

（a）结构图；（b）实物图

1—水箱出口电动阀；2—水箱液位计；3—混凝土表面湿度传感器；4—空气湿度传感器；5—空气温度传感器；6—混凝土表面温度传感器；7—预埋混凝土内部温度传感器和电源；8—电源；9—智能控制装置

2）将智能集控装置安装在可靠位置，水箱出口电动阀与滴水装置、水箱液位计、基础中预埋温度传感器、表面温度传感器、湿度传感器与控制装置连接，智能控制设备如图1-41所示。

3）整体系统连接完成后进行系统的调试，通过智能控制装置参数设置界面，如图1-42所示。各项参数可根据现场预埋的传感器等技术参数提前进行设置。分别对水位显示、电动阀开关状态、太阳能板供电状况、手机报警功能工作情况等进行测试，在确认无误后即可投入正常运行。

4）系统在正常运行过程中会自动收集外界空气温度、混凝土内部温度、混凝土表面温度、湿度等参数在中央控制模块集中处理，通过预设程序对电动阀进行开度的调整，从而控制现场滴水量的大小。

5）智能控制装置在其显示屏上实时显示各工作模块收集的参数信息，并可将记录数据储存在内部存储器上，方便技术人员导出历史数据进行分析。

图1-42 智能控制装置参数设置主界面

（3）系统回收。在基础达到7天养护期后，即可拆除上述设备，并将水箱等转运至下基塔位进行后续基础的养护作业。如此往复可重复使用。

【适用范围】

沙戈荒边界条件下混凝土养护技术适用于沙戈荒地区35kV及以上输变电工程混凝土成品养护。

【经验小结】

沙戈荒边界条件下混凝土养护技术，智能型混凝土滴灌养护系统研制及应用，增补了输电线路混凝土养护方法。通过混凝土内外温度、湿度等技术参数比对分析后，自动调控排水量实现智能养护，解决了由于养护不到位造成混凝土龟裂、表面色差大等问题，提升了混凝土施工质量和感观度，戈壁、沙漠等干旱地区混凝土养护难的问题，同时也为输电线路混凝土养护提供了一种新型养护方式。

第二章　组塔施工典型经验

本章主要针对特高压线路工程组塔施工阶段在采用智能监控装置的落地双摇臂抱杆、辅助抱杆吊装横担、大跨越工程井筒吊装、临时拉线等方面的新技术、新装备、新工艺现场应用经验进行梳理总结，编制形成了杆塔工程共10项典型经验。

经验1　采用集控牵引装置及监控系统的落地双摇臂抱杆组塔施工

【经验创新点】

本经验提出采用集控牵引装置及监控系统的落地双摇臂抱杆组塔方式，由柴油机/汽油机、液压泵站、液压绞磨、自动检测系统等部分构成，通过模块化分体式布置、吊重及不平衡力矩智能监控，有效减少现场作业人员数量，优化最大单件质量，提高施工效率，提升组塔施工本质安全，适用于□500～□1000mm各种规格断面的落地双摇臂抱杆。

【实施要点】

1. 施工准备

(1) 集控设备组成。集控设备主要分为四部分：分体式液压绞磨、集控装置、安全监测装置、通信设备。其中，分体式液压绞磨包括液压绞磨、尾车、自动排线装置；集控装置包括液压泵站、遥控手柄（有线或无线）；安全监测装置包括角度传感器、重力传感器、风速传感器、移动电源、系统监视器；通信设备包括远距离无线电（Long Range Radio，LORA）发送芯片、STM32控制器、集中控制器。集控设备组成见表2-1。其各组成部分实物图如图2-1～图2-8所示。

表2-1　集控设备组成表

序号	系统名称	系统组成	功能简介	备注
1	分体式液压绞磨	液压绞磨	提供抱杆吊装和变幅的牵引动力	
		尾车	钢丝绳线盘的收放装置	尾车具有张力加载功能
		自动排线装置	能够实现尾线钢丝绳自动控制	
2	集控装置	液压泵站	实现对多台液压绞磨的集中控制	通过泵站上的调节按钮进行切换
		遥控手柄	实现对集控控制系统的远程操作	

续表

序号	系统名称	系统组成	功能简介	备注
3	安全监测装置	角度传感器	监测摇臂变幅角度	
		重力传感器	监测抱杆吊装质量	
		风速传感器	监测实时风速变化	
		移动电源	提供传感器工作电源	
		系统监视器	实现监测抱杆的吊重、变幅角度及力矩的可视化监测	具有超阈值预警功能
4	通信设备	LORA 发送芯片	实现传感器信号源的传输	
		STM32 控制器		
		集中控制器	传感器信号的接收的传输	

图 2-1　分体式液压绞磨

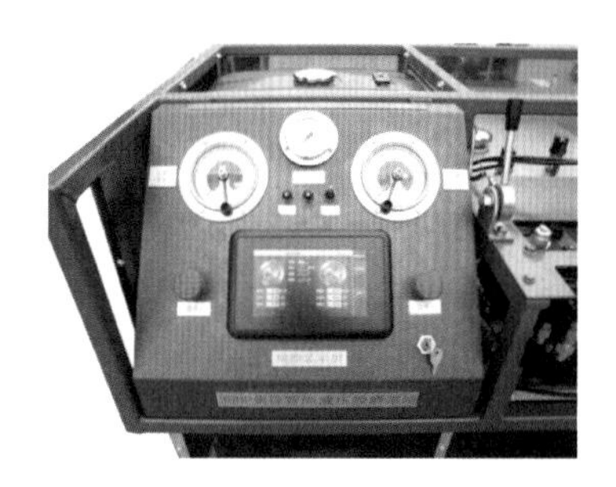

图 2-2　液压泵站

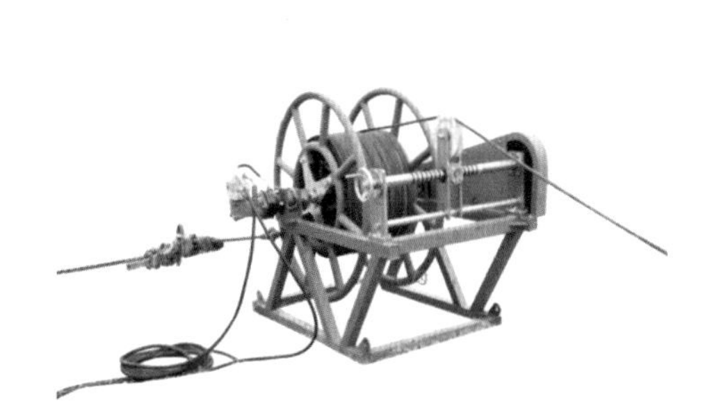

图 2-3　尾车

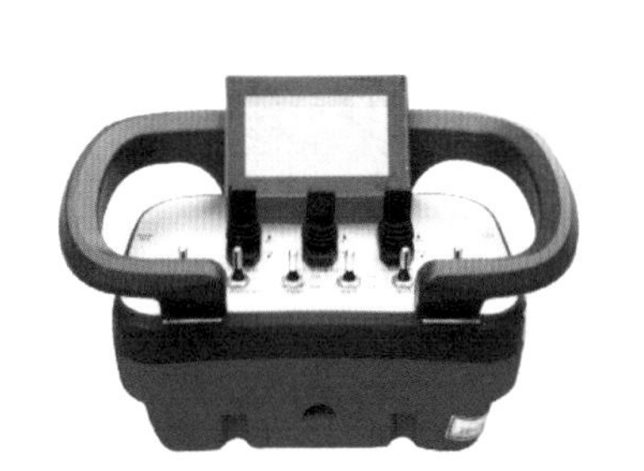

图 2-4　遥控手柄

图 2-5　重力传感器

图 2-6　集中控制器

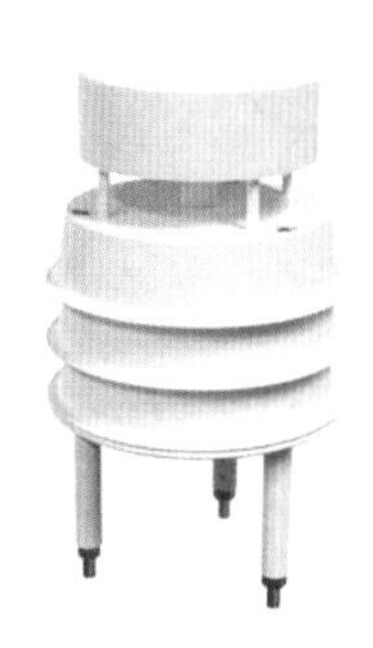

图 2-7　风速传感器

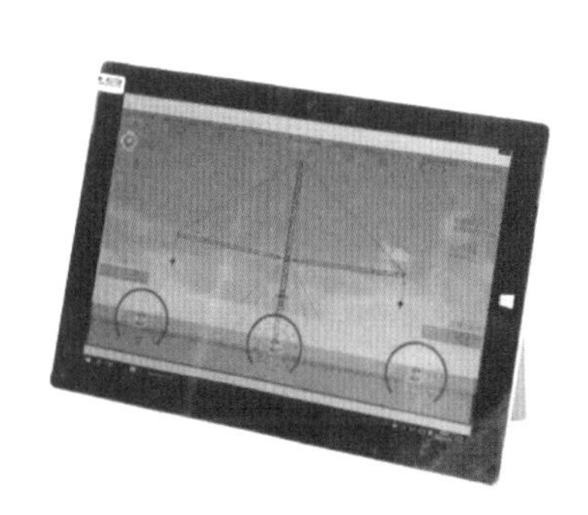

图 2-8　安全监测装置

（2）施工前编制的集控智能化落地抱杆组塔施工方案应包含使用本设备的一些特殊要求。

（3）应对作业点进行现场勘察，制订安全、质量管控措施。

（4）操作人员应进行岗前培训，合格后持证上岗。

（5）技术人员将采用集控牵引装置的轻型落地摇臂抱杆组塔，关键要求对作业人员以及各设备操作人员进行安全、技术交底，确保每位施工人员清楚施工任务、施工技术要点和安全注意事项。

（6）操作人员应在安全监测装置系统内输入抱杆的摇臂长度、吊装质量（钩下质量）等各项参数，并完成不平衡力矩差等相关阈值的设定。

（7）以落地抱杆组立交流线路工程铁塔为例，抱杆上设置拉力、角度、风速传感器，现场配备 1 套集控装置（含液压集控操作台和操作手柄）、4 台液压绞磨及尾车、1 台集中控制器、1 台安全监测装置。

（8）分别对落地抱杆、集控装置、液压绞磨及尾车、安全监测装置的外观和功能进行检查，集控装置在操作人员控制下能正常启动、运转、加速、停机，安全监测装置能够对抱杆的吊装状态进行实时监测，预警功能正常。

（9）LORA 通信设备网络信号正常，集中控制器局域网 Wi-Fi 信号传输正常，网络稳定，传输信号稳定。电源设备能正常供电，连续不间断，电压稳定。

2. 现场布置

（1）组塔施工现场划分：液压绞磨及尾车摆放区、液压泵站摆放区、塔材组装区、工器具摆放区、材料堆放区、休息区、废弃物资堆放区。

（2）组塔施工现场抱杆底座设置处地基应进行整平、回填处应夯实，必要时应采取垫钢板等其他措施，确保底座稳固。

（3）牵引系统和泵站设置在主吊装面的侧面，位置与铁塔基础中心距离不应小于塔全高的 0.5 倍，且不小于 40m（磨绳防磨损），若现场地形受限无法满足要求，应通过操作手柄进行远程控制，确保操作人员在危险区域范围外。

（4）不同的液压绞磨之间距离宜大于等于 2m，尾车与液压绞磨应设置在同一中心线上，距离宜大于等于 3m，受现场地形条件限制时装置可以分层设置。

3. 设备安装、检查及调试

（1）分体式液压绞磨。

1）分体式液压绞磨安装前，应按要求平整安放场地，调整液压绞磨卷筒部件的方向，如地质松软还需另外加固。分体式液压绞磨、尾车锚固应可靠，确保设备牵引过程中不发生滑移。

2）抱杆变幅、起吊系统通过钢丝绳与液压绞磨连接，按进绳方向由下向上穿，进绳靠箱体端绕 6 圈后收紧钢丝绳。绕出的钢丝绳通过排线机构与尾车连接。

3）分体式液压绞磨及尾车应与变幅、起吊系统一一对应，宜采用明显的色标或标志进行区分。

4）液压绞磨及尾车安装完成后，应对收线装置的收线功能进行检查调试，确认尾车收线功能正常、轴承闭锁功能正常。

（2）集控装置。

1）液压泵站安装前应按要求平整安放场地，且应设置相应防雨措施。

2）分体液压绞磨、收线尾车与集控液压泵站连接时，高压油管必须按照对应编号进行接管安装，避免错用；连接完成后需对油管连接接头处进行检查，确认油管连接正常，无漏油现象。

3）集控装置安装完成后，应对集控液压泵站进行检查，确认绞磨拉力、尾架张力、液压系统压力、绞磨和尾架压力、液压油温、液压油箱液位、发动机转速等各项参数显示正常。

4）集控装置安装完成后，需再次核对变幅/起吊绞磨是否与集控面板上显示参数一一对应。

（3）安全监测装置。

1）铁塔上传感装置安装位置宜为：重力传感器安装在吊钩与被吊重物之间；角度传感器、风速传感器安装在摇臂下方靠近抱杆本体处；倾斜传感器安装在回转支承处。传感器安装必须牢固不晃动，因不同的安装固定铁塔差异，可考虑提前做好安装支架。

2）传感装置自带蓄电池，蓄电池采用12V直流供电，与传感装置就近安装，并固定在塔材角铁上，电源线沿着塔材采用绑扎带固定，绑扎带间隔2m。

3）系统监视器和集中控制器在出厂时已组装完成，现场只需要将其通过局域网连接即可。

4）传感装置安装完成后，应检查系统监视器的监视画面是否与两侧吊钩和摇臂的运行动作相对应。

5）应校核两侧摇臂在水平展开时，监视器上显示的初始角度是否正确，否则应通过监视器系统进行参数补偿。

6）传感装置安装完成后，应检查吊重、倾角、力矩等各项监测数据传输和显示是否正常，信号在传输是否存在网络延时，要求在网络传输时延时不高于200ms。

4. 采用集控牵引装置的落地双摇臂抱杆组塔系统调试

铁塔吊装前，应完成采用集控牵引装置的落地双摇臂抱杆系统调试工作。

（1）集控牵引装置开机。

1）集控装置开机可通过有线/无线手柄或集控液压泵站进行控制，采用有线/无线手柄控制时，需将控制面板旋钮切换到遥控工况，操作面板有3个按钮：中间按钮可进行集中控制，左右两个按钮可对单个液压绞磨进行操作。

2）利用液压泵站或手柄进行操作前，应首先对操作页面进行检查，判断液压绞磨拉力、尾架张紧力、液压系统压力、液压油位、油温等数据显示是否正常。

3）启动电源开关，操作面板上发动机点火开关，操控旋钮，将发动机油门逐渐加大，启动后按照正常操作设备进行操作。

（2）集控牵引装置运行。

1）集控牵引装置运行过程中，应检查牵引力、牵引速度控制功能是否正常。

2）应对集中控制的2台变幅或2台起吊绞磨运行对应性进行检查，吊装过程中，检查变幅和起吊系统的切换功能是否正常。

3）检查液压绞磨在牵引过程中，尾车是否能够同步动作，集控装置加载张力功能是否正常。

4）集控牵引装置运行过程中，检查液压集控泵站和操作手柄的控制按钮挡位对应的动作是否准确，操作是否灵活、可靠。

5）牵引过程中对检查安全监测装置进行检查，确保及时准确获取吊重、倾角、力矩等各项数据的变化，预警及自动纠偏功能正常。

（3）集控牵引装置停机 。

1）停机时待双卷筒转速降下来后，再制动刹车，每次制动时应检查制动器工作是否灵活、设备运行是否平稳。

2）非紧急情况不得紧急刹车，每次紧急制动后应检查制动器损伤情况。

3）遥控器和控制面板均有急停按钮，按下任何一个，系统将停止所有动作，急停按钮复位后，系统进行正常操作；应急操作或断电时，可以进行手动操作。

4）液压绞磨不使用时，需将牵引力调节阀、速度控制手柄调至零位，并将发动机油门控制手柄调至怠速状态。

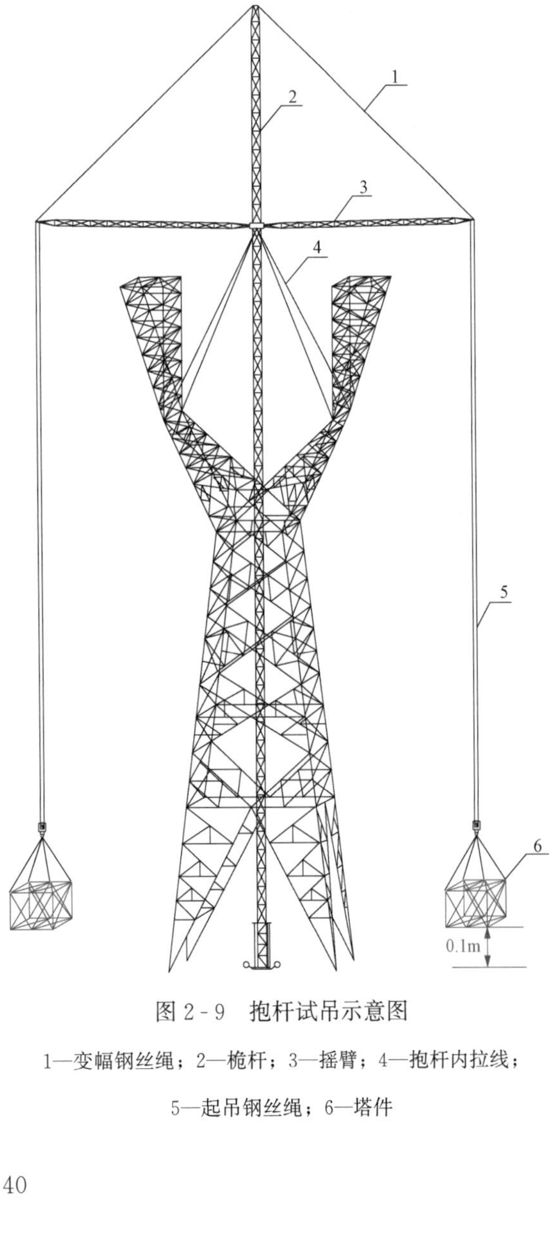

5. 配重、调整变幅角度

塔材吊装前，应首先完成塔材的组装工作，若两侧吊装重量不一致，且偏差超出设定参数范围时，应对塔材进行配重，否则不进行配重，塔材就位前，及时调整两侧摇臂的变幅角度，以便塔材顺利就位。

6. 动态监测抱杆不平衡力矩值

塔材起吊前和吊装过程中，施工人员通过抱杆安全监测装置实时对抱杆不平衡力矩值的变化进行监测，一旦力矩差超出设定的阈值时（阈值建议按照不平衡力矩差的90%设置），将触发自动警报。

7. 铁塔吊装

（1）根据被吊塔材的重量对设定的牵引力进行核对，符合要求后手动切换集控装置至起吊状态，初始时应缓慢牵引，速度宜控制在10～15m/min，待被吊塔材离地高度达到0.1m时，起吊系统停止牵引，抱杆试吊示意图如图2－9所示。

图2－9 抱杆试吊示意图

1—变幅钢丝绳；2—桅杆；3—摇臂；4—抱杆内拉线；5—起吊钢丝绳；6—塔件

（2）检查吊件的受力平衡状态和吊点绑扎是否满足要求，检查合格后方可正式起吊，待被吊塔材接近就位位置时，停止牵引；手动切换至变幅状态，通过中间的同步调节手柄或两侧分开调节手柄对抱杆的变幅状态进行调节。调节过程中，应同时监测抱杆的不平衡力矩差，直至变幅状态满足塔材就位要求后，变幅系统停止牵引。塔材吊装示意图如图 2-10 所示。

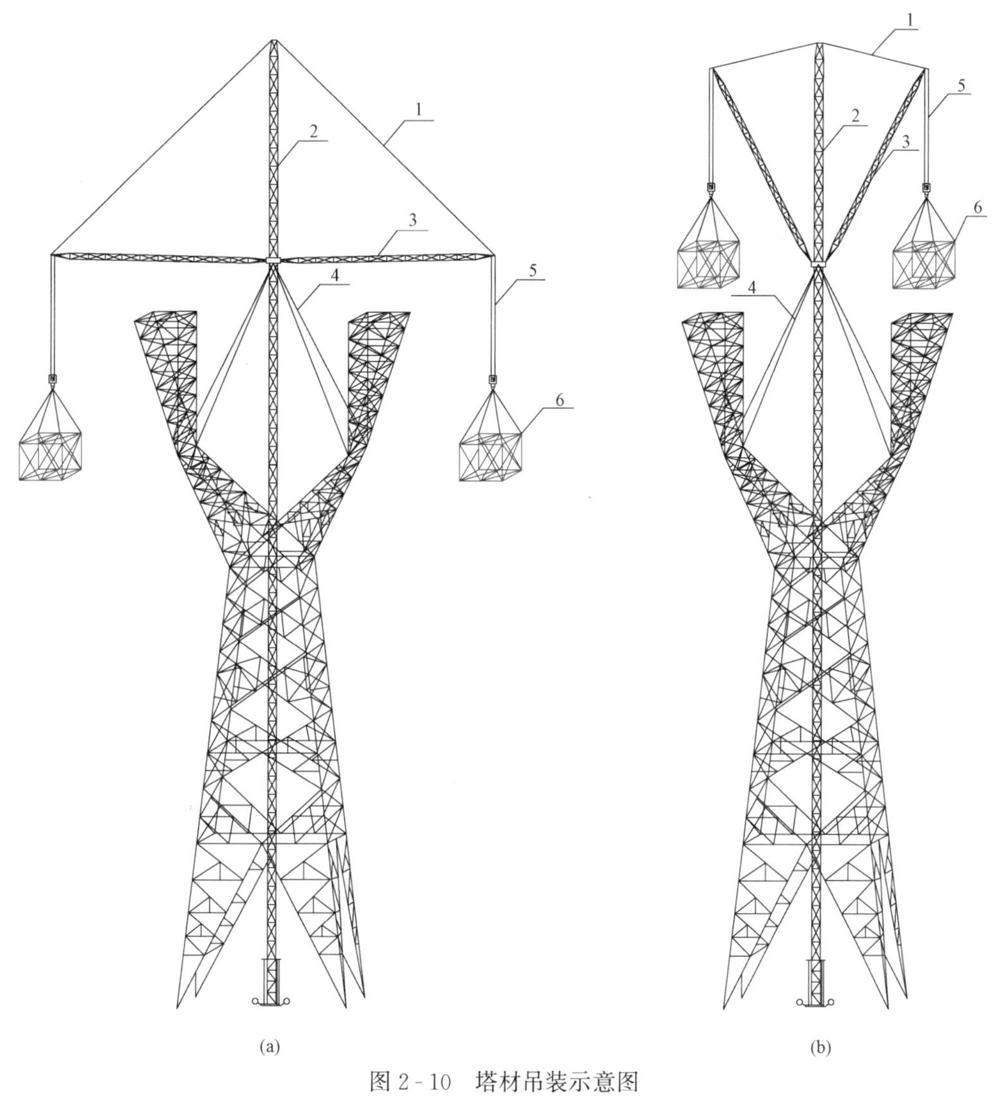

图 2-10 塔材吊装示意图

(a) 示意图一；(b) 示意图二

1—变幅钢丝绳；2—桅杆；3—摇臂；4—抱杆内拉线；5—起吊钢丝绳；6—塔件

(3) 变幅系统停止牵引后，手动切换至起吊状态，牵引系统缓慢牵引，利用控制绳调整被吊塔材顺利就位。

8. 抱杆及集控牵引装置拆除

(1) 先拆除吊钩及起吊滑车组，将两侧摇臂及调幅滑车组收拢靠紧并固定在桅杆上，通过液压顶升的逆过程下降抱杆进行拆除，依次拆除内拉线、腰环和抱杆节。

(2) 待抱杆下降至回转节时，拆除抱杆传感装置、变幅绳及安全绳，再利用塔身布设滑轮组拆除吊臂，最后完成桅杆拆除工作。

(3) 抱杆拆除完成后回收钢丝绳；待集控牵引装置停机后，拆除液压泵站与液压绞磨和尾车的连接管，完成集控牵引装置的拆除工作。

【适用范围】

本经验适用于平地、丘陵及山区环境下采用集控牵引装置及监控系统的落地双摇臂抱杆组塔施工。现场应用照片如图2-11所示。

图2-11 现场应用照片

【经验小结】

与传统牵引装置的落地双摇臂抱杆组塔施工相比，采用集控牵引装置及监控系统的落地双摇臂抱杆，实现牵引动力系统集中同步控制功能，降低施工现场的人员投入。采用安全监测装置能够实时监测抱杆吊装质量、变幅角度及力矩变化，具有超阈值预警和自动纠偏功能，提升了组塔施工现场安全管控水平。

该组塔方式已于2022年、2023年在1000kV福建北电南送特高压交流输电线路工程进行了推广应用，采用集控牵引装置组立铁塔6基、采用机动绞磨组立铁塔36基。采用集控牵引装置的轻型落地双摇臂抱杆组塔的施工成本减少约20%，施工工期提升约12%。

经验2 多吨位起重机流水组塔施工

【经验创新点】

本经验针对特高压工程起重机组塔施工方式，提出采用25t、80t/100t/130t、260t/350t起重机组合模式流水吊装方式完成杆塔组立，分析了不同吨位起重机现场站位、吊装范围、吊装高度及吊装工效。

【实施要点】

1. 起重机组装方案优化

起重机最大吊装荷载（计算荷载）确定，计算公式如下

$$Q_j = k_1 k_2 Q \tag{2-1}$$

式中 Q_j——计算载荷，kN；

k_1——动载荷系数，取值1.1；

k_2——不均衡载荷系数，取值1.1～1.2；

Q——最重起吊构件与吊索吊具重量之和。

起重机最大臂长的确定，计算公式如下

$$H=\sqrt{r^2+h^2}\text{ 或 }H=h/\sin\theta \tag{2-2}$$

式中　H——起重机臂长是起重机臂杆铰点与地面高度，m；

r——最大吊装高度时作业半径，m；

h——最大吊装高度是铁塔全高和吊索高度之和，m；

θ——最大吊装高度时主臂仰角，°。

根据以上式（2-1）和式（2-2）计算方法，可确定最大吊装荷载和起重机最大臂长，从而确定起重机型号，吊装过程中依据起重机起重特性曲线（或起重性能表）确定起重机允许吊装载荷，保证吊装过程安全。反之，起重机选择过大，经济性较差。根据现场各塔型特点和起重机吊装曲线，合理选用25t＋80t（100t、130t）＋260t组合起重机流水组立铁塔方案，提高施工经济性，起重机吊装参数见表2-2。具体方案是选用组合流水作业。25t塔材清理、地面组装、接腿部分吊装；80、100、130t塔身主材、塔片、交叉结构吊装；260t吊装塔身上端、中横担、导线横担、地线支架、个别超高塔采用500t起重机吊装，起重机流水化作业示意图见图2-12。

表2-2　起重机参数一览表

起重机型号	最大额定总起重量（t）	基本臂（m）	主臂长度（m）	副臂长度（m）	吊装高度（m）
QY25K	25	10.1	33.0	8.15	13.94
QY80K	80	12.0	45.0	16.0	66.8
QY100K	100	12.8	49.0	18.1	66.8
QY130K	130	13.0	58.0	28.0	76.0
QAY260	260	13.2	70.0	38.0	82.8
QAY300	300	15.0	72.0	46.0	100.0
QAY350	350	15.8	81.6	42.0	103.0
QAY500	500	16.1	84.0	95.0	145.2

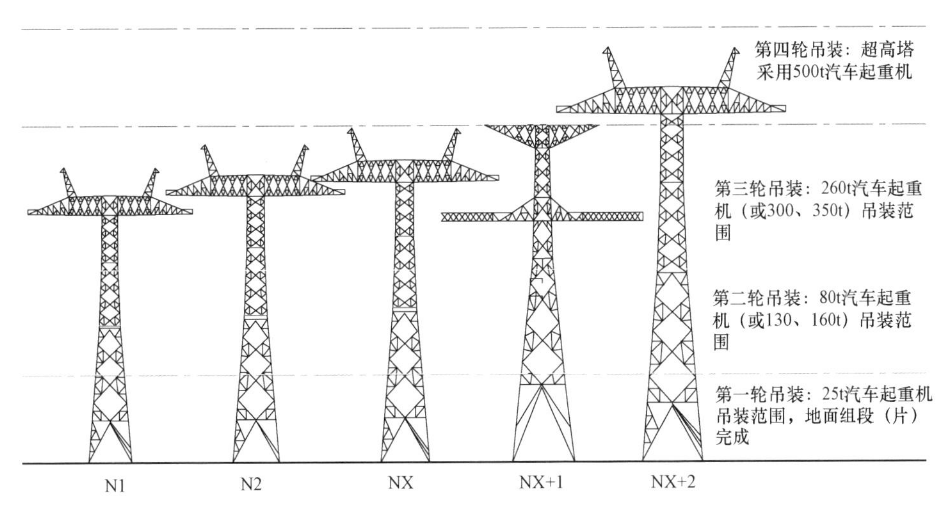

图2-12　起重机流水化作业示意图

经现场实践，80、100t起重机较130t起重机塔身吊装高度有限，260t起重机吊装量增加，工效低、费用高。采用130t起重机吊装塔身工效显著，260t起重机吊装量少，工效高。对三种组合方案比对，最佳组合方式25t+130t+260t，见表2-3。起重机流水作业过程中，25t吊装完成30基后，130t起重机进场，130t起重机吊装完成20基后，260t进场流水作业，防止待工。

表2-3 起重机流水作业工效一览表

起重机组合方式	地面组装及塔腿吊装		塔身吊装		横担吊装		减少天数（天）
25t+80t+260t	3～5天	普通15人、高空4人	1.5天	普工4人、高空6人	2.5天	普工4人、高空8人	0
25t+100t+260t	3～5天	普通15人、高空4人	2.0天	普工4人、高空6人	1.5天	普工4人、高空8人	0.5
25t+130t+260t	3～5天	普通15人、高空4人	2.0天	普工4人、高空6人	1.0天	普工4人、高空8人	1

2. 起重机优化组合后的施工方案

输电线路采用起重机组塔较为常见，多吨位起重机组合式流水组塔少有。流水吊装中起重机的站位是关键点，影响到施工效率和施工成本，针对起重机现场站位进行了优化，如下：

（1）25t起重机站位。起重机布置在铁塔中心，先吊装四根塔腿主材、后侧、侧面辅材，然后将起重机移至铁塔外，位于在线路方向中心线上，旋转中心距塔脚连线4m，吊装剩余塔腿部分，如图2-13所示。

（2）130t起重机站位。待25t起重机吊装完后，更换130t起重机，130t起重机布置在线路方向中心线上，旋转中心距塔脚连线6.5m，进行吊装，塔身部按前、后侧面依次吊装，起重机需移位一次，如图2-14所示。

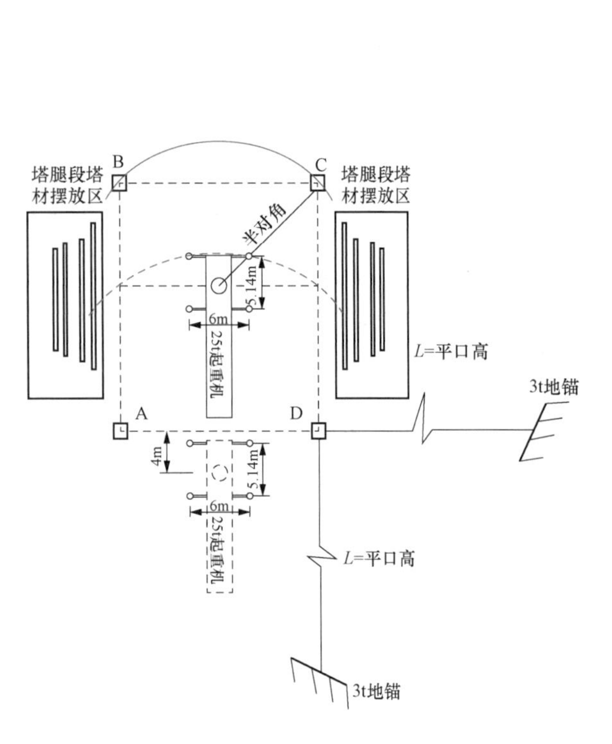

图2-13 25t汽车起重机吊装布置图

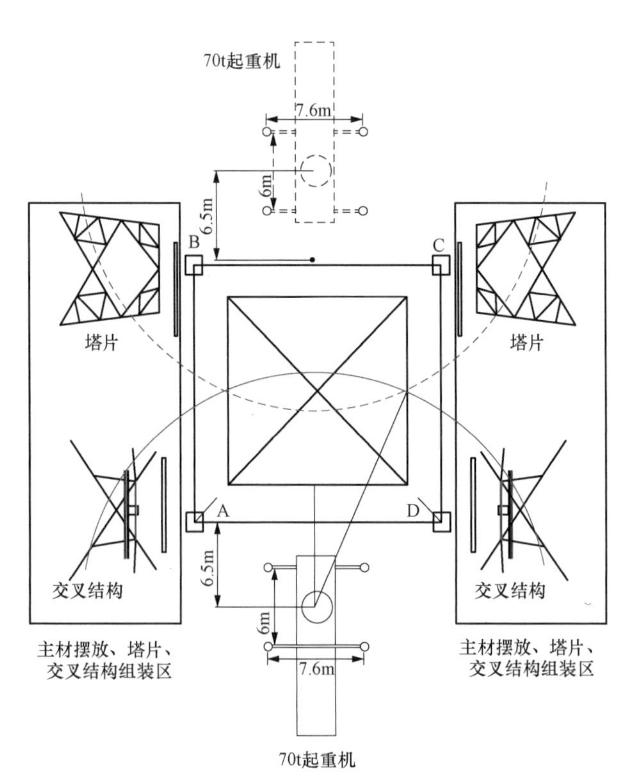

图2-14 130t汽车起重机吊装布置图

（3）260t汽车起重机站位。待130t起重机吊装完后，更换260t起重机，260t起重机布置在线路方向中心线上，起重机后方距离基础立柱中心连接线15m，进行中横担、导线横担、地线支架吊装，无需移位，如图2-15所示。

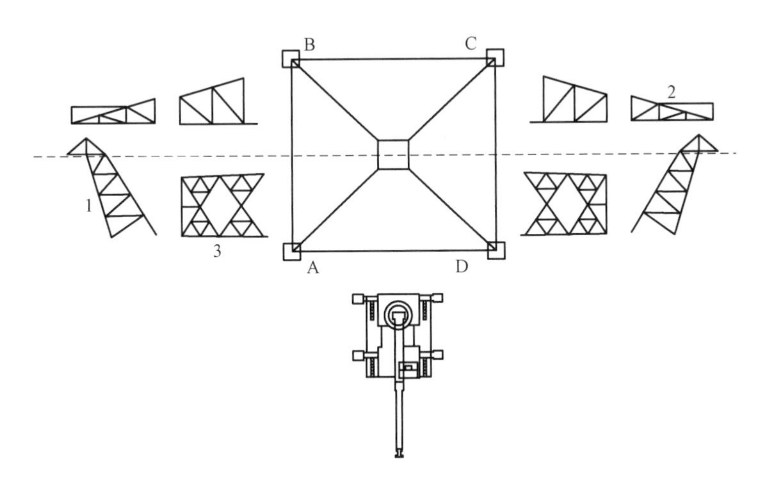

图2-15 260t汽车起重机吊装布置图

1—地线支架；2—导线横担；3—上端塔身

【适用范围】

多吨位起重机流水组塔施工技术，适用于±800kV及以上特高压交直流输电线路铁塔吊装。

【经验小结】

特高压直流输电线路铁塔起重机组立方案，将其传统起重机一吊到底的方式优化为了采用小吨位起重机、流水起重机和组装高度范围内塔材，后续采用大吨位起重机吊装流程吊装方式，提高了大吨位起重机的利用率，全面压降了铁塔组立过程中的作业风险，提高了施工效率，提升了安装工艺和质量，充分发挥了大吨位起重机的优势，提升了机械化应用率，做到了铁塔组立作业流水化。同行业内输电线路铁塔起重机组立可供参考。

经验3 辅助抱杆吊装1000kV酒杯塔横担施工

【经验创新点】

1000kV特高压线路单回路铁塔塔型有酒杯型和干字铁塔2种，其中酒杯塔整个塔头的重量在35.88～57.62t，塔头高32.1～33.6m，宽49.8～57.8m。单独采用中心悬浮主抱杆进行地线支架和横担的吊装，会由于酒杯型铁塔横担和地线支架距离铁塔中心水平距离较远，单段重量大，导致无法完成吊装任务。若为了增加吊装范围而提升中心悬浮抱杆高度，会导致抱杆长细比过大，增加施工过程中的安全风险。本经验结合现有条件及现场实际情况，采用辅助抱杆配合主抱杆吊装组塔。

【实施要点】

1. 技术准备

（1）技术交底时，横担增加吊装辅助用孔。

（2）参加组塔人员必须经过安全、技术交底，熟悉施工图纸、立塔方法及安全措施，并经过有关质量、安全要求考试，合格后方可上岗。

（3）做好立塔试点工作。立塔试点需项目部技术、安全、质量负责人和班组负责人、技术兼质检、安全员及工程监理人员参加。试点的目的是检验技术交底的内容是否可行、总结经验，为全面开展杆塔组立做好准备。

2. 机具准备

人字辅助抱杆安装：将人字抱杆在地面组装好，包含抱杆附件及滑轮组钢丝绳等，抱杆连接螺栓紧固到位；将抱杆的连接铁塔底座与铁塔上的F辅助抱杆支撑孔连接，可靠固定。

调整主抱杆向安装人字抱杆一侧倾斜约13°（主抱杆头与辅助抱杆座脚处的水平距离约2m），主抱杆作为起吊点，将人字辅助抱杆吊装到横担上。

将人字辅助抱杆摆正角度，铰链与铁塔横担上抱杆底座连接。通过人字抱杆滑轮组起吊绳，使人字抱杆头部向外侧移动。人字抱杆起吊系统受力后，放松主抱杆牵引绳，使人字抱杆向外倾斜一定角度，直至满足起吊距离要求。

主抱杆反向起吊系统固定在横担另一端头，回调主抱杆（另一起吊绳同时放松）；观察人字抱杆倾斜角是否符合要求。不符合再次调整，符合则将主抱杆的两个牵引绳都固定好。

为防止人字抱杆意外反向倾倒，在人字抱杆头部靠铁塔外侧用ϕ 11钢丝绳设置防反倾拉线措施。

3. 地线支架及横担的吊装

横担及地线支架各段分布示意图如图2-16所示。

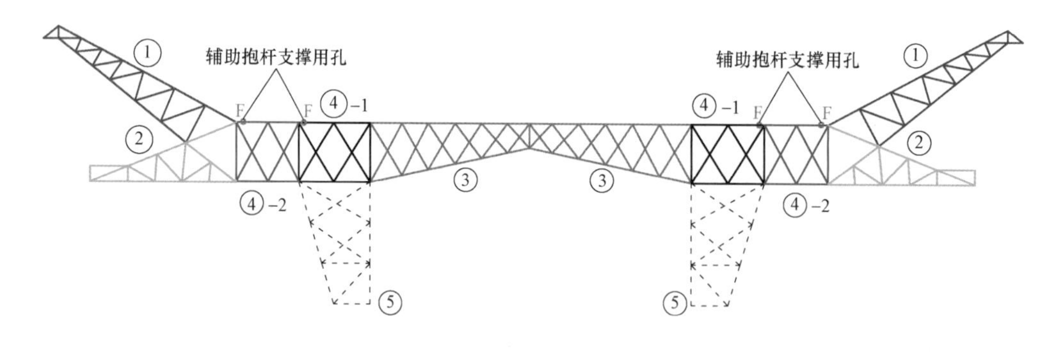

图2-16 横担及地线支架各段分布示意图

①地线支架；②边横担；③中横担；④-1段塔材；④-2段塔材；⑤上曲臂

（1）①段和④-2段组合吊装。组合段吊装采用双V字形套四点整体组合起吊方式，辅助抱杆向吊件方向倾斜约5.4m，起吊绳为Ⅱ-Ⅰ三绳滑轮组，磨绳采用ϕ 13钢丝绳，如图2-17所示。

（2）导线边横担吊装。边导线横担②段采用双V字形套四点整体起吊方式，上斜面的拉花铁不安装，待就位安装完后补装。通过主抱杆滑轮组调整辅助抱杆角度，使辅助抱杆向吊件方向倾斜约6.9m，起吊绳为Ⅰ—Ⅰ二绳滑轮组，磨绳采用ϕ 13钢丝绳，如图2-18所示。

【适用范围】

（1）单回路铁塔横担及地线支架的吊装参数统计见表2-4。

图 2-17　①段和④-2 段组合吊装示意图

图 2-18　边横担吊装示意图

表 2-4　　　单回路铁塔横担及地线支架的吊装参数

塔型	1/2 地线支架①		边横担②		中横担③			1/2 中横担④				
	重量（t）	长度（m）	重量（t）	长度（m）	重量（t）		长度（m）	总重（t）	④-1 片重		④-2 笼重	
					总重	片重			重量（t）	长度（m）	重量（t）	长度（m）
ZBC271511	1.13	9.9	2.06	7.4	3.52	1.40	17.2	4.46	1.21	3.9	1.27	2.5
ZBC271512	1.11	10.0	2.10	7.4	3.75	1.53	17.2	4.66	1.23	3.9	1.38	3.0
ZBC271513	1.26	9.9	2.19	7.4	4.24	1.74	17.2	5.11	1.33	3.9	1.57	3.2
ZBC271514	1.30	10.3	2.44	7.8	4.27	1.84	17.2	5.83	1.53	3.9	1.77	3.4
ZBC271515	1.26	10.5	2.53	8.0	4.77	1.99	18.0	6.43	1.59	3.9	2.03	3.9
ZBC271516	1.31	10.3	2.92	7.8	6.24	2.65	19.2	8.13	1.87	3.5	2.98	5.5
ZBKC27151	1.15	10.5	2.44	8.0	4.76	2.01	18.0	5.95	1.60	4.1	1.90	3.7

根据表 2-4 中的数据以及现场的地形情况，考虑到地线支架的外端距塔身的水平距离过长（24.9～28.9m），而且吊重也较重（最大吊重 4.5t），因此采用人字辅助抱杆（□300m×30m）配合主抱杆（□900m×48m 内悬浮外拉线抱杆）吊装地线支架及边横担，比较适合 1000kV 交流输

变电工程。

（2）所选人字辅助抱杆参数。

1）抱杆单根最大允许中心受压：235kN。

2）组装高度：3m＋4m＋3m＝10（m）。

3）连接形式：外法兰。

4）大端截面：300mm×300mm。

5）小端截面：160mm×160mm。

6）材质：Q235。

7）起吊负荷：60kN。

8）抱杆总重约：800kg。

【经验小结】

经工程实践证明，人字辅助抱杆配合中心悬浮抱杆分解组塔，增加了抱杆的有效吊装范围，解决了1000kV交流输变电工程酒杯塔组塔施工中抱杆高度不够、长细比过大及大截面抱杆运输困难等难题，增强了整个铁塔组立施工质量和安全性，为1000kV交流输电线路杆塔组立提供技术参考。

经验4　辅助抱杆吊装±1100kV线路铁塔长横担施工

【经验创新点】

本经验提出采用辅助抱杆方式吊装世界最高电压等级±1100kV特高压直流输电工程铁塔长横担，填补了该等级线路长横担直线塔吊装方法空白，为后续同等级线路铁塔横担吊装提供经验。

【实施要点】

（1）根据抱杆承载能力、横担重量和塔位场地条件，采用整体吊装和分解吊装。分解吊装时根据长度和重量，可将横担近塔身段分为近塔身侧一段和远塔身侧两段，近塔身侧段采用整体吊装，也可分片吊装。远塔身侧段吊装方式与近塔身侧相同；近塔身侧长度8m时，利用辅助抱杆作为转向滑车支点，根据起吊重量不同，对远塔身侧进行整体吊装或分片吊装。

（2）吊装前抱杆应向起吊物侧适当预倾，使抱杆顶端定滑车位于被吊构件就位后的结构中心的垂直上方位置。

（3）近塔身段采用前后吊片的形式进行起吊。在吊片完成后，需要将上下平面与吊片相连的斜拉铁进行安装，保证吊片的稳定性。当前后都吊装完成后，利用6t手扳葫芦和钢丝绳对横担两侧进行组装。在组装完毕前，不得松开起吊绳。

（4）横担紧固后，用ϕ13钢丝绳吊装人字辅助抱杆至横担中段辅助抱杆施工孔处安装，近塔身侧横担不大于8m时，可直接将辅助抱杆吊至靠近地线横担的辅助施工用孔处。起吊辅助抱杆的滑车组不拆除，作为辅助抱杆的调幅机构。

调整辅助抱杆向塔外倾斜，直到辅助抱杆的上端定滑车和吊件就位时的位置在同一竖直平面上。位置固定后，用4根拉线固定。2根锚固在塔身与横担的节点处，另外2根锚固在横担两侧的端部位置，防止辅助抱杆在起吊前反倾，产生安全隐患。在辅助抱杆上重新布置ϕ 16m×350m钢丝绳滑车组作为起吊系统，地线支架重量较轻，可整体吊装单侧地线支架；综合本工程地线支架长度及倾斜度，辅助抱杆选择□350m×14m。

（5）吊装导线横担远塔身侧时，吊装前大抱杆应保持垂直状态，借助辅助抱杆进行吊装。根据吊件的重量不同，采取整体吊装和分片吊装。利用辅助抱杆吊装时，最大吊重不得大于5t。利用地线支架起吊时，最大吊重不得大于地线支架的垂直力要求和设置最大吊重两者的最小值。

（6）直线塔吊装过程示意图如图2-19～图2-22所示。

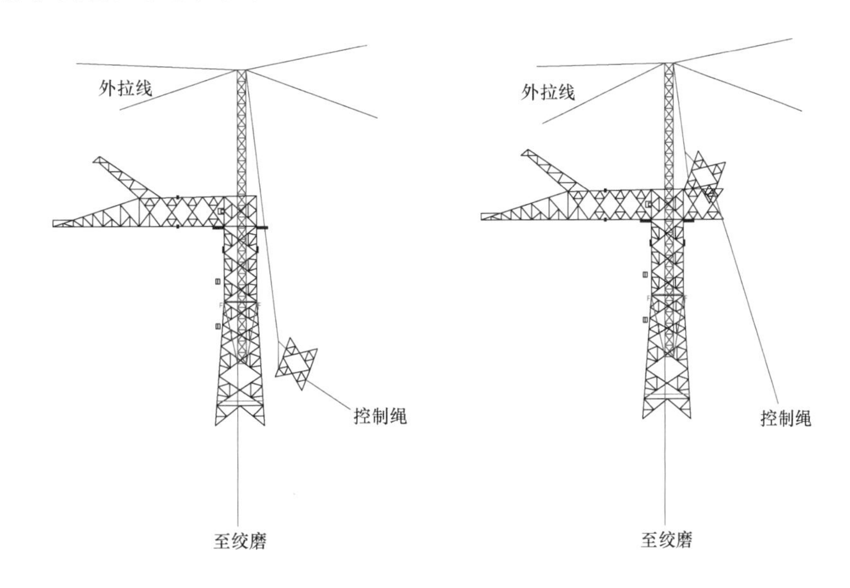

图2-19　靠塔身侧横担近塔身侧分前后片吊装示意图

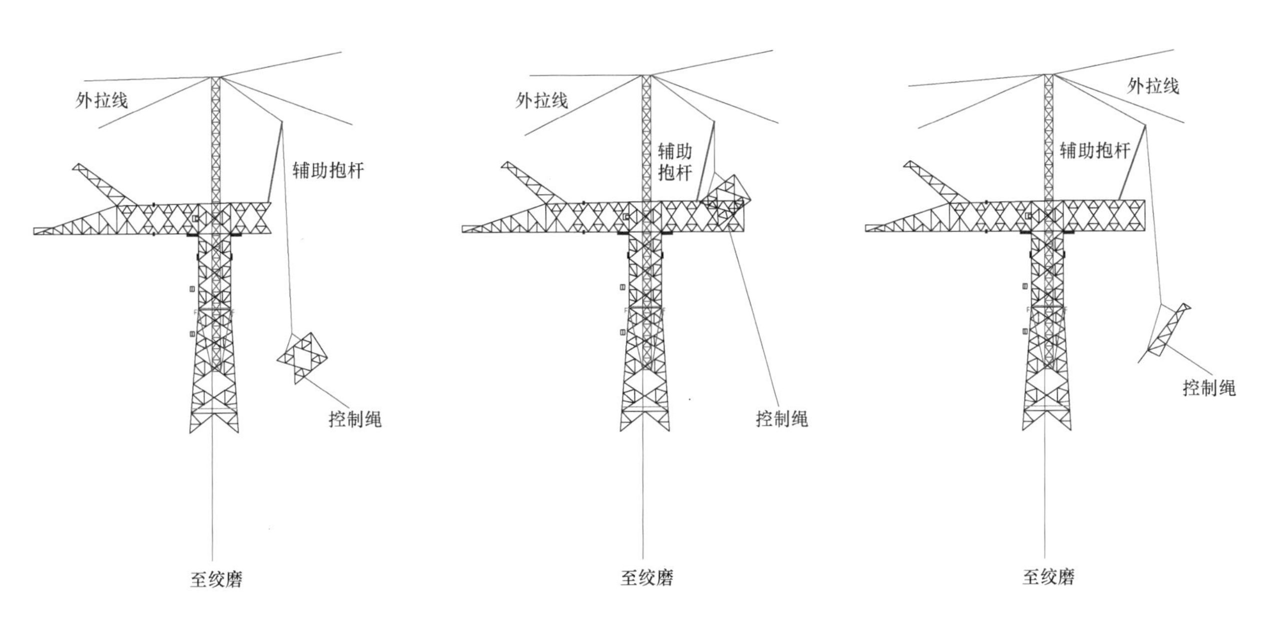

图2-20　靠塔身侧横担远塔身侧分前后片吊装示意图

图2-21　辅助抱杆整体吊装地线支架示意图

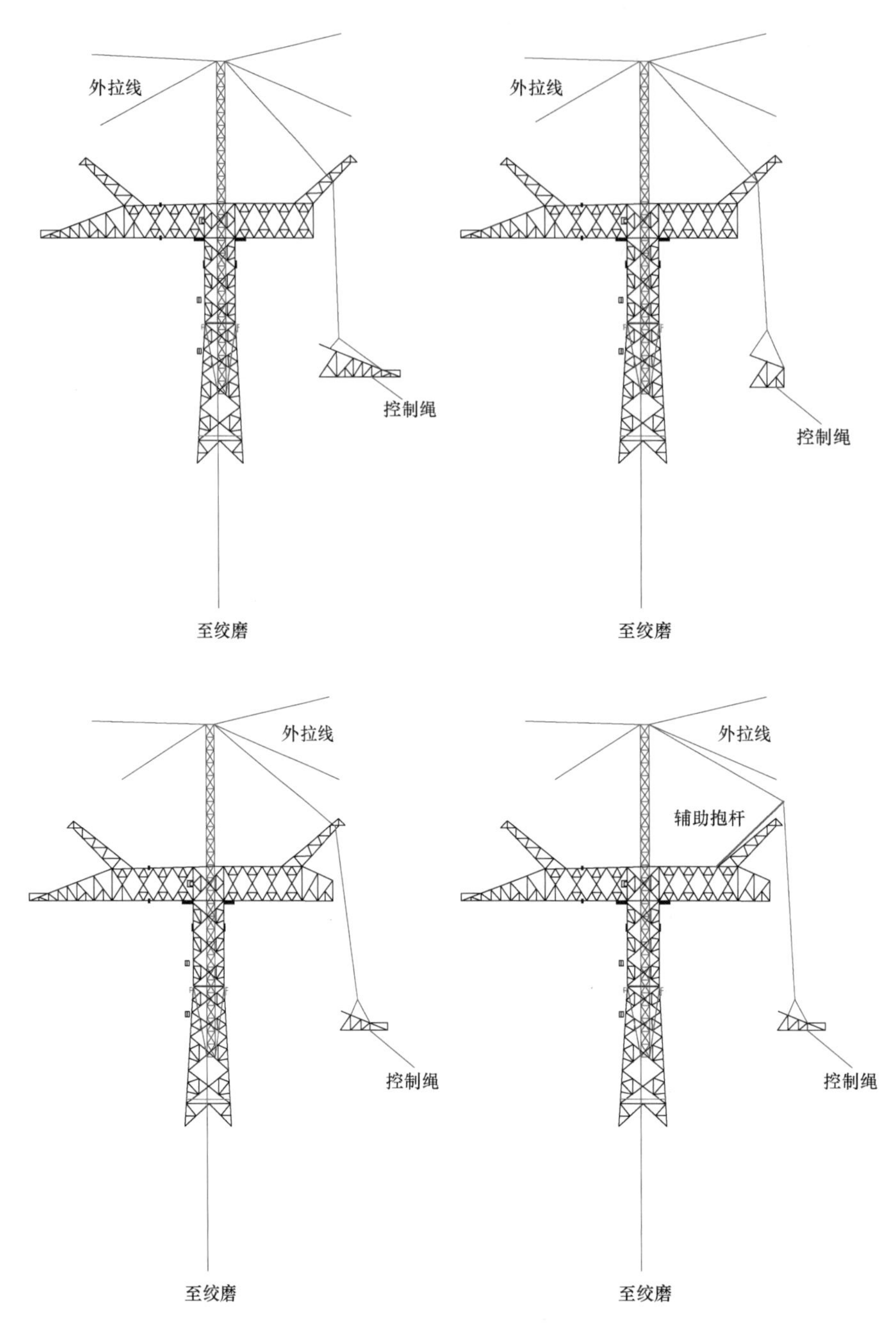

图2-22 辅助抱杆或地线支架整笼或分两笼吊装横担尖部示意图

（7）直线转角塔的吊装方式与直线塔吊装方式相同。直线转角塔吊装导线支架时，根据导线支架的长度和就位时的角度不同，适度调整导线支架的绑扎点位置，使绑扎点位于导线支架重心的上方。

【适用范围】

本施工方法适用于±1100kV特高压直流输电线路工程直线塔或直线转角塔横担吊装。

【经验小结】

根据塔型及施工工况不同，需进行合理的受力分析计算，根据计算结果选择主要工器具，包括机动绞磨、抱杆、抱杆拉线、起吊绳（包括起吊滑车组、吊点绳、牵引绳、承托绳和控制绳等）。工器具受力计算时，先将全塔各次的吊重及相应的抱杆倾角、控制绳及拉线对地夹角进行组合，计算各工器具受力，取其最大值作为选择相应工器具的依据。

经验5　山区特殊地形落地摇臂抱杆起立施工技术

【经验创新点】

落地双摇臂抱杆作为输电线路组塔常用的专用施工设备，具有稳定性强、就位合理、不需要外拉线、施工效率高等优点。以ZB-2YD-60/16/960型抱杆为例，该抱杆由桅杆系统、保险绳、电动回转系统、摇臂系统、腰环组件、抱杆标准节、液压套架、基础底座、起重吊钩、抱杆内拉线等组成，如图2-23所示。

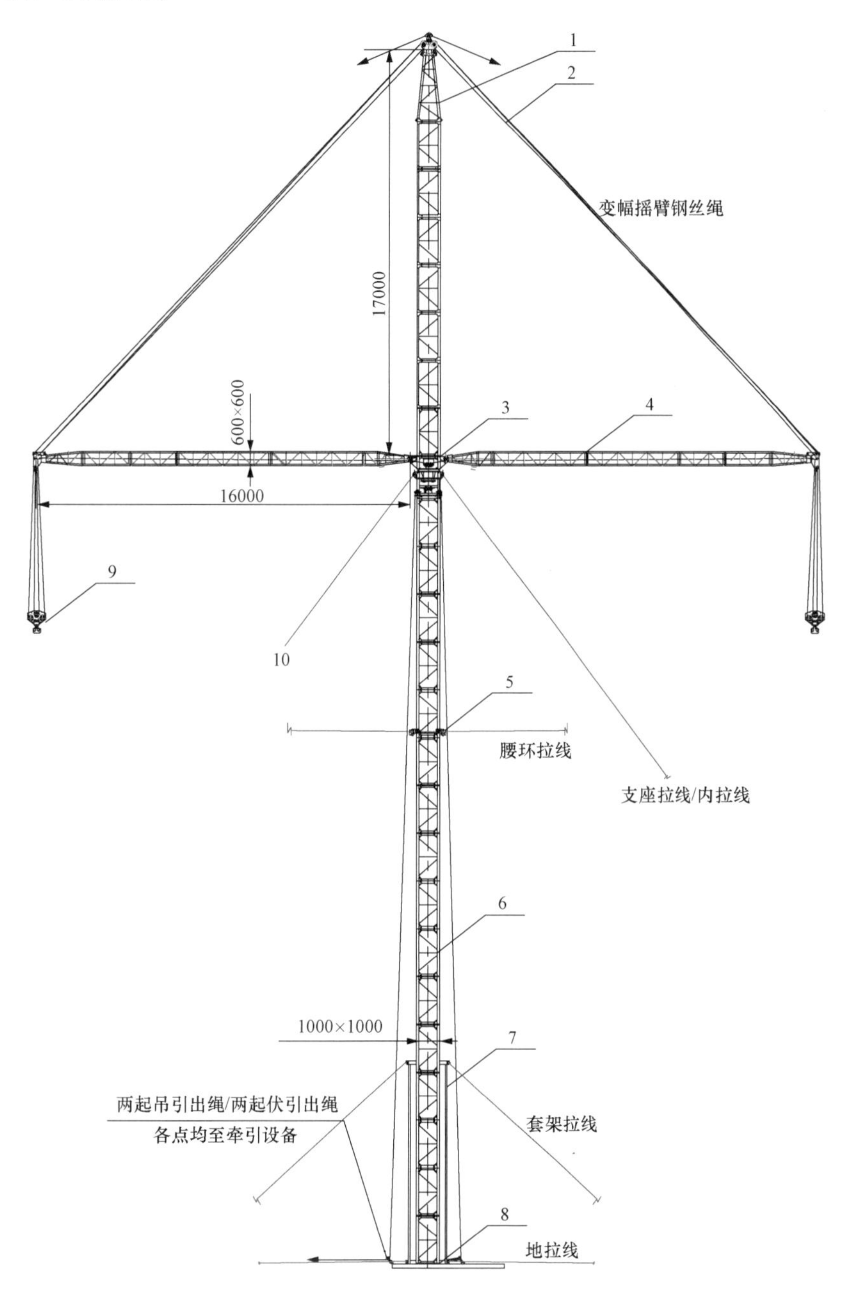

图2-23　摇臂抱杆结构示意图

1—桅杆系统；2—保险绳；3—电动回转系统；4—摇臂系统；5—腰环组件；6—抱杆标准节；7—液压套架；8—基础底座；9—起重吊钩；10—抱杆内拉线

但在山区地形差的杆位存在以下问题：由于基础全方位高低腿设计的影响，部分抱杆底座中心位置坡度大、高差大，落地抱杆基础底座无法固定。地形崎岖不平、高差大的杆位地拉线无法与拉线固定点直接连接，即使连接后也无法正常受力，需要对地形进行处理或使用其他可行方案。底座地拉线位置与塔腿拉线固定点高差过大，设置地拉线会导致系统受力不平衡，影响整个吊装系统的稳定性。杆塔位于山区，交通条件不便，起重机等起重设备无法到达到位，组立抱杆不能分段整体起吊。抱杆无法进行一次性整体起立，抱杆各个部位重量重，无法进行再分解，使得人力手段无法实现组立。

【实施要点】

1. 抱杆基础底座地基处理

中心桩处于斜坡位置时应提前将中心桩位置进行适当降坡处理。需提前平整、夯实基础中心处3.5m×3.5m地面，并用水准仪或者激光水平仪找平作为基础平台，用于安装抱杆基础底板拼装螺栓，基础底座地基处理如图2-24所示。山区地形、地质复杂地区，需提前考虑，在基础施工阶段做好策划工作，需要爆破、开方等宜在基础施工过程中解决。

2. 地拉线设置

地拉线是连接底板的锚固拉线，该拉线的打设是为了平衡抱杆底座的水平力，使抱杆始终处于垂直状态，该拉线在抱杆的安装、使用以及拆卸过程中需一直设置。

以某基础为例，该基塔剖面及接腿示意图如图2-25所示。从剖面可知，D腿地拉线无法有效设置，无法直接连接到D腿施工固定孔上。

图2-24 基础底座地基处理

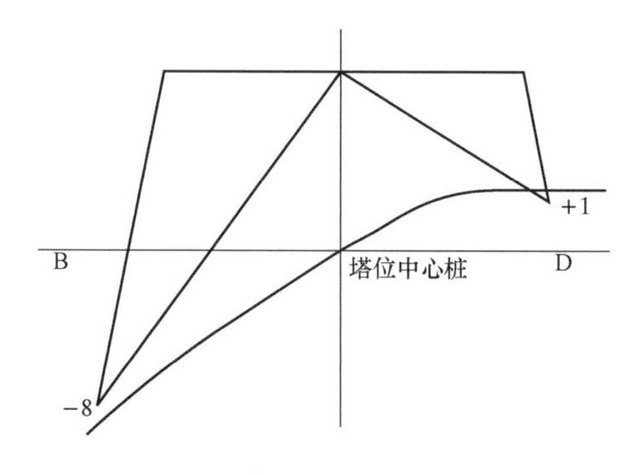

图2-25 塔基剖面及接腿示意图

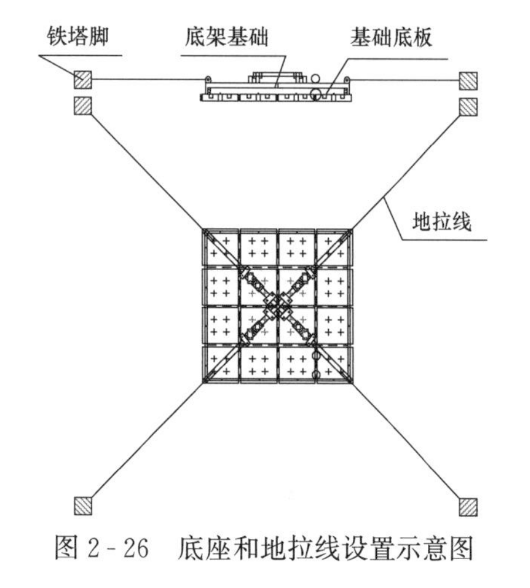

图2-26 底座和地拉线设置示意图

针对上述地形情况，在地质情况为易于开挖的粉质黏土等可采用中心桩到D腿开挖马道的方法，从而使得地拉线与塔脚坂施工孔能有效连接，避免了地拉线磨损地面的情况，底座和地拉线设置示意图如图2-26所示。

当地质条件为不易开挖的岩石等情况时，开挖马道操作难度大，底座中心与塔腿高差过大会导致系统失稳，需要在底座周围寻找合适位置设置临时预埋拉棒，预埋拉棒可参考图2-27进行制作，根据地拉线受力大小和单个预埋拉棒受力情况，选择设置1个或多个作为受力部件，设置完成后需进行相应的拉力试验后方能投入使用。通过与预埋拉棒连接起到固定地拉线作用。

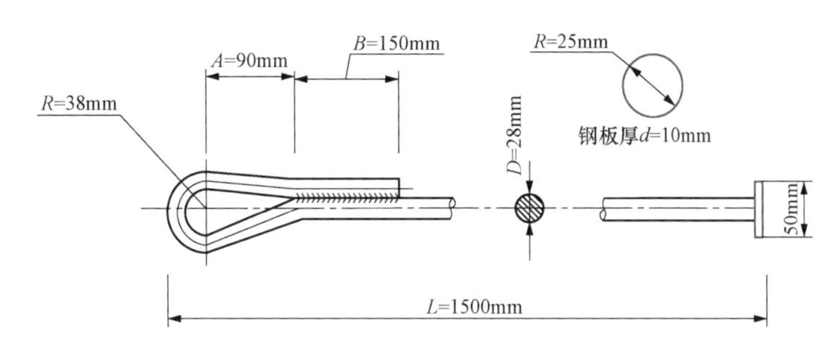

图2-27　预埋拉棒示意图

3. 利用独抱杆安装落地抱杆

利用人字抱杆起立落地的□800单抱杆，抱杆采用四根φ15.5钢丝绳固定在塔脚板施工孔或地锚上，作为抱杆拉线的固定点。

然后利用□800独抱杆吊装套架，套架起立后，应及时在套架顶部和塔脚之间设置套架拉线，套架拉线采用5t卸扣＋φ19.5钢丝绳＋6t手扳葫芦＋5卸扣＋铁塔塔脚施工孔。

按照施工工序，利用独抱杆按顺序吊装标准节、回转体、桅杆、摇臂等，施工完成后及时设置好相关拉线和腰环。至此，抱杆第一次组装完毕，独抱杆吊装座地摇臂抱杆示意图如图2-28所示。按照厂家的说明书的要求调整好安全装置后，就可以进行调试工作，完成调试后就可以开始使用，或可以根据所需要的起升高度，顶升加高后使用。

利用独抱杆安装落地抱杆利用了悬浮抱杆的施工方案，在起立座地摇臂抱杆前，事先准备一套悬浮抱杆作为吊装摇臂抱杆的工具，悬浮抱杆施工技术成熟，没有技术壁垒，不需要对施工队伍进行专业培训，该方法操作简单，易于上手。

4. 利用套架或提升架逐步倒装

摇臂抱杆倒装组立是预先人工零散组立底座、套架，利用套架逐步倒装桅杆、回转体、标准节。通过桅杆自起吊摇臂安装，完成抱杆初始状态组装。先组立基础与主框架，利用提升架内侧顶层四角挂点，组合钢丝绳滑车组，按桅杆回转机构、主柱杆段顺序单件提升倒装组立，直到回转机构升出提升架，利用已组立的主柱桅杆起吊安装双摇臂，并安装油缸、滑动导向小车及顶升翻转板，提升架上下层腰环，进行抱杆其他杆段的顶升作业。

(1) 抱杆套架的组立。通过人力将桅杆的头部锥段部分竖立在抱杆座地的位置，锥段部分高4m，重300kg。以两个半截套架基座通过对接的方式安装在杆身底部的四周，以散装的方式安装套架主材及辅材，并紧固好螺栓。在套架根部四周打设地拉线，地拉线组成为5t卸扣＋φ19.5钢丝绳＋6t手扳葫芦。在套架顶端的四个角打上4根外拉线，外拉线的组成为5t卸扣＋φ19.5钢丝绳＋6t手扳葫芦，对角线布置，固定在锚桩或塔脚板施工孔上，且外拉线与地面的夹角不能大于45°。

(2) 抱杆的桅杆组立。固定套架，并挂好提升滑车及走绳，提升滑车组设置示意图如图2-29

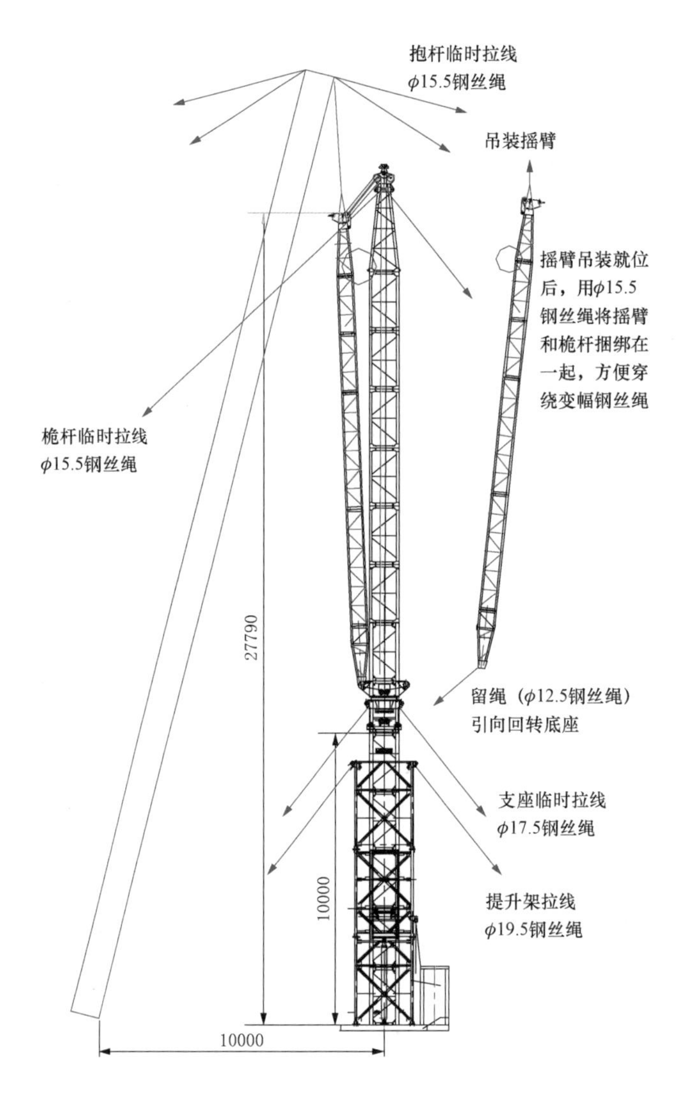

图 2-28 独抱杆吊装座地摇臂抱杆示意图

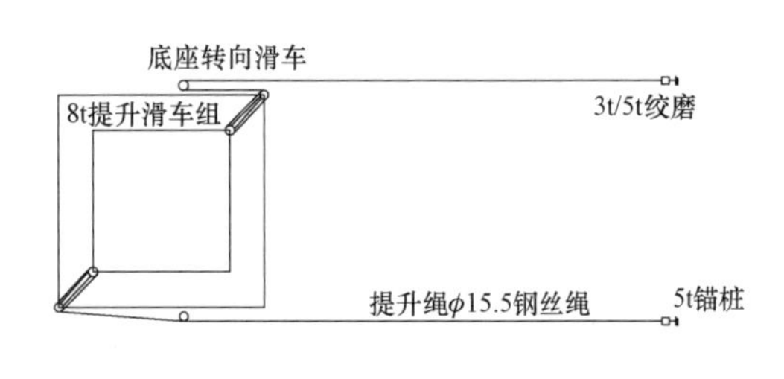

图 2-29 提升滑车组设置示意图

所示。在套架顶端对角设置两套 8t 走二走二滑车组作为抱杆提升系统。套架对角顶端设置有专用施工孔用于悬挂提升滑车组，滑车组与抱杆连接依靠专用提升夹具与抱杆连接，提升夹具孔眼与抱杆主材配套，用螺栓紧固安装。提升钢丝绳通过套架下端与底座 5t 转向滑车引至地面，由两台绞磨同时牵引提升。

将锥段提升 3m 后，即将桅杆 3m 标准节从套架开口放置进去，调整锥段高度，将两段连接。当桅杆高度露出套架时，在桅杆头部的外拉线挂点打上四根临时拉线，临时拉线为φ 15.5 钢丝绳，通过缓松器连接至地锚或塔脚板上，临时拉线设置如图 2-30 所示。

（3）回转体及标准节的安装。桅杆接装完成后继续提升，倒装回转体（回转体配套旋转电机必须先拆除，才能满足倒装水平尺寸要求）、抱杆杆身标准节。

同时在抱杆安装 2 节标准节后即可到达液压顶升装置行程范围，此时，可利用液压顶升装置进行抱杆标准节顶升（安装油棒时将油棒开口盒向外设置，以方便进油管安装）。

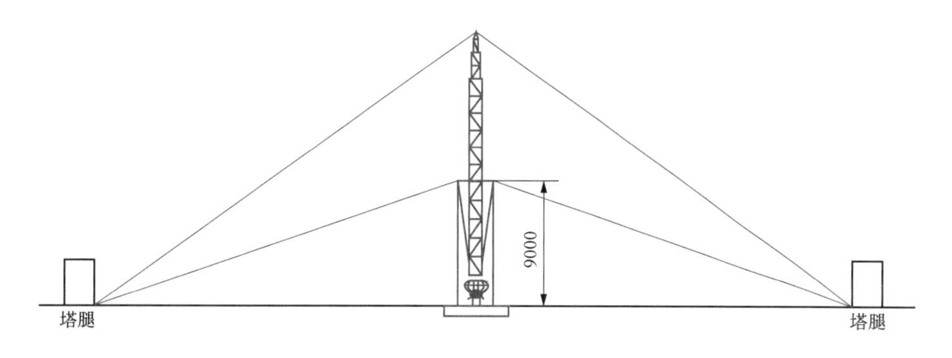

图 2-30 临时拉线设置示意图

顶升时需保证两侧油缸同时起落，并在套架顶部安排两名高空人员随时观察并调整标准节与套架滚轮间距，防止卡塞。安装紧固后必须打设下支座拉线，回转体拉线设置如图 2-31 所示。

继续提升倒装，当回转体超过套架后设置抱杆的回转体拉线，继续提升抱杆时，可将回转体高度控制在 10～15m，就可以满足后续吊装条件，此时停止提升。

（4）安装抱杆摇臂。用抱杆套架将抱杆提升到合适高度后，即待回转体高于套架 1m 后，在回转体下侧内拉线挂点打上抱杆正式拉线，准备安装抱杆摇臂。

在地面整体组装摇臂，用ϕ 15.5 的钢丝绳通过桅杆顶部滑车及套架底部转向滑车至 5t 绞磨进行起吊组装。吊装起摇臂后，应呈垂直状态，将摇臂根部与回转体转轴连接固定，顶部临时采用钢丝绳锚固捆绑，将摇臂和桅杆固定在一起，待安装好两侧摇臂后，安装走二走三滑车组起吊系统及走二走三变幅系统，安装旋转电机，调试座地摇臂抱杆，桅杆吊装摇臂如图 2-32 所示。

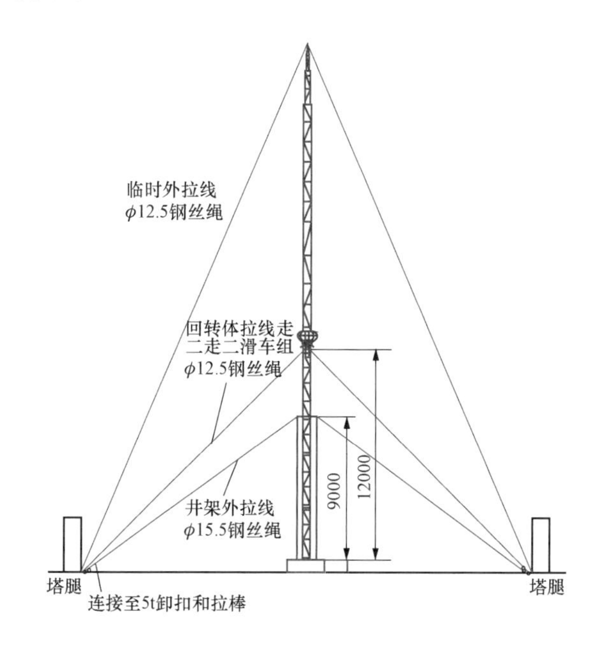

图 2-31 回转体拉线设置示意图

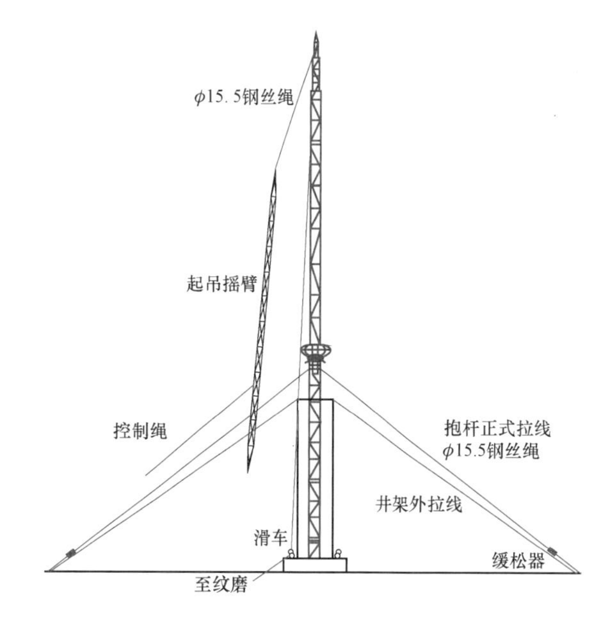

图 2-32 桅杆吊装摇臂示意图

（5）安装变幅、起吊系统及其他设施。待安装好两侧摇臂后，安装起吊系统及变幅系统，起吊系统为ϕ 15.5钢丝绳、走二走三滑车组；变幅系统为ϕ 15.5钢丝绳、走二走三滑车组。同样采用ϕ 15.5的钢丝绳通过桅杆顶部滑车及套架底部转向滑车至5t绞磨进行起吊，保证将所有后续设备安装完毕，最后调试座地摇臂抱杆的拉线、变幅等系统，为摇臂抱杆吊装做好准备 。调试正常就可进行后续的吊装工作。

【适用范围】

本经验适用于特高压工程中座地摇臂抱杆起立，尤其适用于大型起重器械无法到达的杆位，需要采用座地摇臂抱杆。

【经验小结】

整个座地摇臂抱杆起立过程中，在没有利用其他辅助吊装设备的前提下，通过抱杆自身的设备完成整个抱杆的起立，减少了工器具的使用，具有很强的操作性，在山区起立座地摇臂抱杆值得推广。

本经验具有以下优点：工器具简单、受力结构合理；利用抱杆自身起立方案施工中不需要增加额外的工器具，能够满足现场需求；组装操作安全合理，具备可实施性；不仅可以用于复杂山区地形，其他不便条件下均可采用这种方式。

经验6　大跨越工程井筒吊装专用抱杆研制及应用

【经验创新点】

大跨越工程跨越塔中心基本都存在井筒结构。随着技术进步以及跨越塔规模的增大，近年来，大跨越工程多采用重量较大的全封闭电梯井和旋梯结构，以便于后期检修。由于超大规模的跨越塔本身更适合使用大型落地平臂抱杆进行组装，常规利用双摇臂坐落式同步组立塔身及井筒的施工方法不再适用。

某大跨越工程塔位中心设电梯井，全高342m，全重约466.1t，共分38节，最重节达15t。经过研究，采用在跨越塔顶设置一套专用抱杆系统进行井筒吊装的施工方法。抱杆系统安装在塔顶一侧水平管上，除抱杆主体结构外，还包括起吊系统、调幅系统和临拉系统等部分，双摇臂坐落式抱杆如图2-33所示。通过“起吊—调幅—回收”的流程逐节吊装井筒及与跨越塔相连的内辅材，设计最大吊重15t，设计最大提升高度350m。

【实施要点】

（1）塔顶抱杆系统组成。塔顶抱杆系统主结构为□800纯角钢结构独抱杆，总长9.3m，共分底节、标准节、顶节、顶端抱箍等结构，抱箍施工孔连接起吊系统、调幅系统以及固定拉线，底端与跨越塔顶通过双铰支座连接，总重约1.1t。

系统除抱杆本体外，还包括起吊系统、调幅系统和临时拉线。起吊系统提升井筒至预定高度，调幅系统改变抱杆倾角使井筒就位，设置拉线旨在减少在高空风荷载对抱杆的不利影响。

(a)

(b)

图 2-33　双摇臂坐落式抱杆

（a）坐落状态；（b）悬浮状态

起吊系统采用走二走二滑车组，配备 20t 吊钩；调幅系统采用走四走四滑车组，通过吊带与跨越塔横担相连。两条牵引绳分别引至地面，经转向与地面牵引机连接。调幅系统滑车组一端与抱杆相连，另一端通过一根 20t 吊带和卸扣、横担两边主管（导线挂点上方）连接固定，跨越塔上层横担相应位置需预留施工孔，以满足调幅系统安装要求。

抱杆结构的抗风安全性和稳定性是施工过程的瓶颈问题，为增强抱杆系统在高空的稳定性，在塔顶抱杆吊装至指定地点后，需在抱杆头与塔顶四根主管末端之间安装拉线系统，每条拉线由抱杆头、卸扣、走一走二滑车组、二变一系统、钢丝绳、塔腿转向组成，塔顶抱杆系统如图 2-34 所示。

（2）塔顶抱杆安装拆卸。在跨越塔主抱杆拆卸前，将抱杆整体吊装至塔顶安装位置，通过铰支座与塔身连接。将起吊滑车组固定在抱杆头上，钢丝绳随塔顶抱杆从塔身内一起起吊，末端经地面转向接入牵引机。控制拉线滑车组及临时拉线、手扳葫芦随抱杆一同吊装，将抱杆调幅至预定工作位置，经调试各系统正常工作后，即完成塔顶抱杆的安装。

井筒吊装作业全部完成后，即可拆除抱杆系统。将起吊滑车组收至最短，随后通过调幅系统和控制绳将塔顶摇臂抱杆放平在塔中心井筒上，并用吊带固定，在两侧横担顶部之间固定一根钢丝绳，在钢丝绳上安装辅助吊装系统，通过地面绞磨牵引。利用吊装系统依次拆除起吊绳、调幅绳、控制滑车组、临时拉线直至塔顶只存在抱杆。将抱杆分两段拆卸，先拆顶节，中节和底节一起拆除，以免抱杆悬空。拆卸过程中，为防止吊件磕碰塔身，在吊件上连接一ϕ 10 杜邦丝控制下放角度。

（3）井筒吊装。塔顶专用抱杆系统安装完毕，各系统正常工作，试运行合格后，将其调节至预定起吊位置即可开始吊装作业。将待安装井筒匀速提升至指定位置后（高于已安装井筒上表面约 2m），起吊系统牵引机停机，调幅系统牵引抱杆缓慢下放井筒，使其下端与已安装井筒上端平齐（此时为极限倾角），调幅系统不动，起吊滑车组下放吊件完成一次安装流程，塔顶抱杆吊装井筒如图 2－35 所示。抱杆在实际使用时，应控制其倾角在合理范围内。

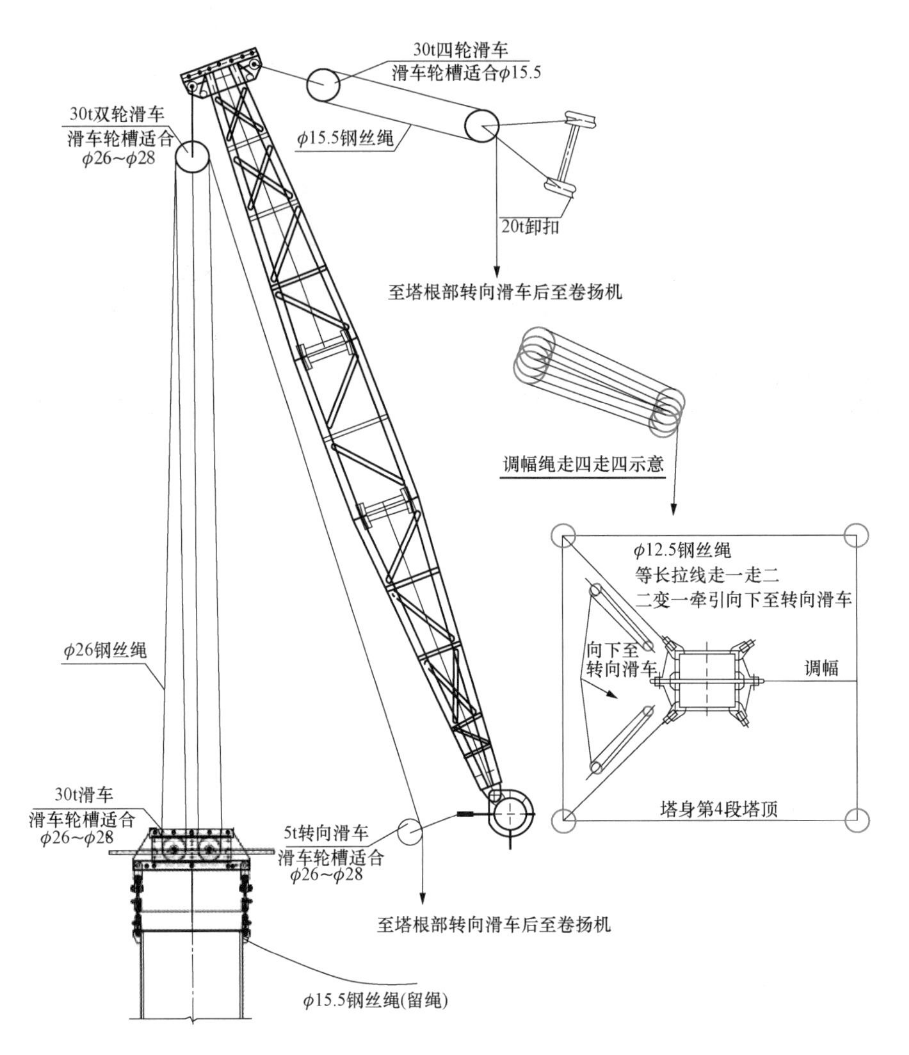

图 2－34 塔顶抱杆系统组成

图 2－35 塔顶抱杆吊装井筒示意图

井筒与跨越塔各隔面间均有管件相连。已吊装井筒每到一层跨越塔隔面时，务必先将隔面与井筒相连的内辅材补充完毕。内辅材也可利用塔顶抱杆吊装。

（4）井筒起吊装置。井筒起吊装置采用自行设计的平衡滑车与吊点件，以取代传统吊钩及钢丝绳头，如图 2-36 所示。该平衡滑车作为起吊系统走二走二滑车组的一部分，可抵消井筒提升过程中因质量分布不均及高空风荷载造成的两侧受力不平衡。滑车通过数个卸扣及专用吊点件与井筒上部法兰孔相连。

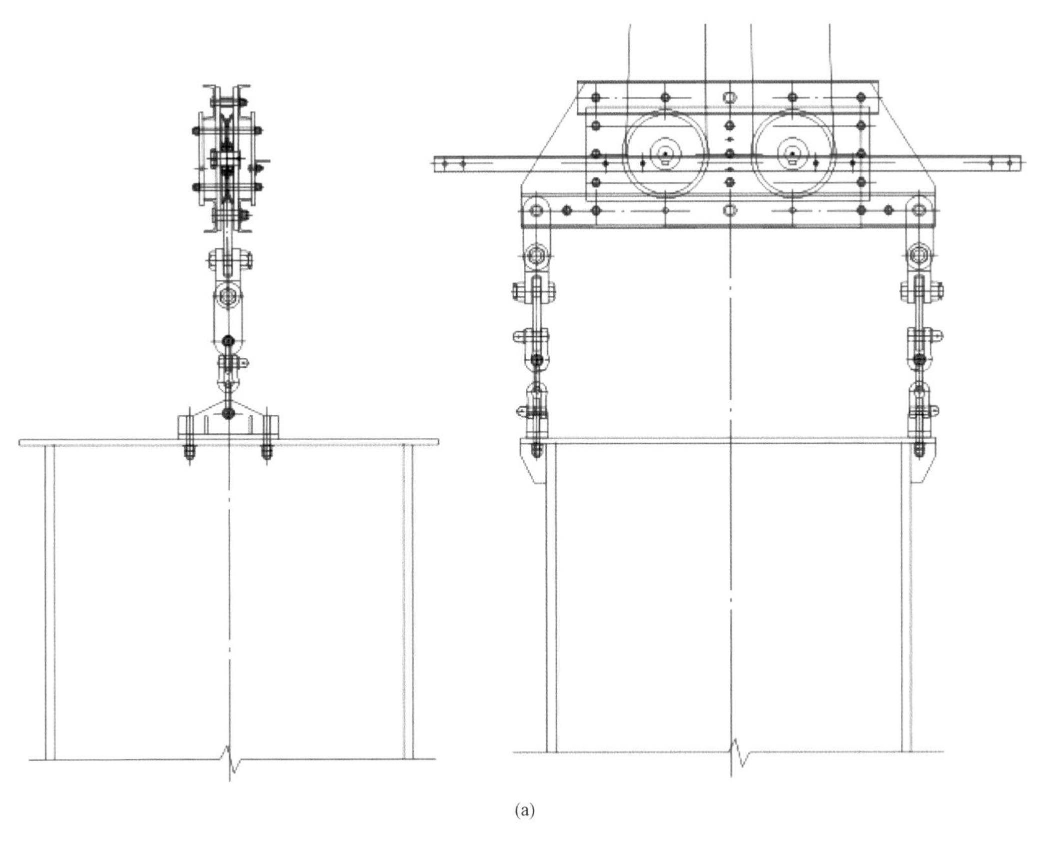

(a)

(b)

图 2-36　平衡滑车与吊点件示意图

（a）侧视图与正视图；（b）实物图

【适用范围】

本经验适用于在大跨越工程建设中无法利用组塔主抱杆同步起吊井筒，且 V 形吊点系统不能满足要求的情况下井筒的吊装施工，对于规模较大的井筒结构尤为适用。

【经验小结】

塔顶抱杆式大跨越井筒吊装工法应用于大跨越工程，可在350m高空提升单节重15t井筒，在实际施工中证明了自身价值。该工器具的运用大大降低了跨越塔井筒，尤其是超高超重跨越塔井筒吊装作业的施工风险，通过研发新型工器具、编制相关作业指导书，使得该工序安全性得到显著提高，吊装质量得到保障。

本经验具有以下优点：

（1）使得井筒吊装工序可在跨越塔组立结束后独立进行。

（2）塔顶抱杆结构简单、操作方便，设计吊重15t，设计最大工作高度350m，静载最大载荷达300kN，可满足绝大多数大跨越工程需要。

（3）通过起吊—调幅—吊钩回收工序，使得井筒吊装施工连续进行，缩短施工工期，降低施工成本。

（4）起吊系统与吊点件整体设计，减少起吊过程中受力不均匀现象，大大降低施工风险。

经验7　大跨越塔大型构件安装就位施工技术

【经验创新点】

大跨越塔大型构件安装就位需充分考虑就位点的根开控制、吊装耳板设置、构件防变形校核等，以便于构件顺利安装。就位点的根开控制可以采用辅助拉线、多台起重机配合、起重机配合抱杆等方式。以白鹤滩—浙江±800kV特高压直流输电线路工程池州长江大跨越杆塔组立为例，塔腿段（27段）水平管采用主管设置临时拉线辅助500t履带吊就位，塔腿段（27段）八字管采用了500t履带起重机辅助240t起重机加85t履带起重机就位的方式；塔身段（25段）八字管采用了T2T1500抱杆辅助500t履带起重机就位的方式等。大型构件的吊装宜提前选择合适位置焊接吊装耳板，避免缠绕吊带，操作简单的同时提高安全可靠性。吊装前宜采用有限元分析程序进行分析，防止构件变形。

【实施要点】

1. 就位根开控制

（1）主管设置临时拉线辅助水平管就位（27段水平管）。由于塔身主管对塔中心45°方向呈有一定倾斜度，吊装完成后，受管件自重影响，主管必定向塔中心倾斜，造成水平管及斜管就位根开变小，影响安装。实际安装时，采用外拉线对主管倾斜度进行调整，保证就位根开满足安装要求。

外拉线采用钢丝绳连接于主管顶部，引至横顺线路方向外侧地面，直接收紧后调整，主管横顺拉线、外拉线布置如图2-37、图2-38所示。

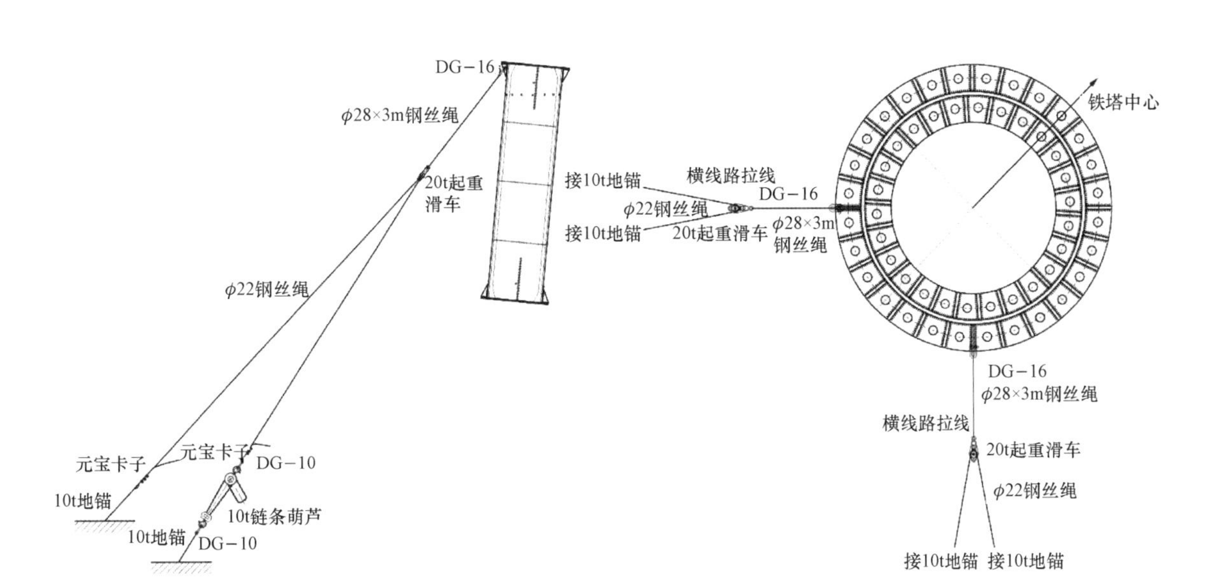

图 2-37 主管横顺拉线布置示意图

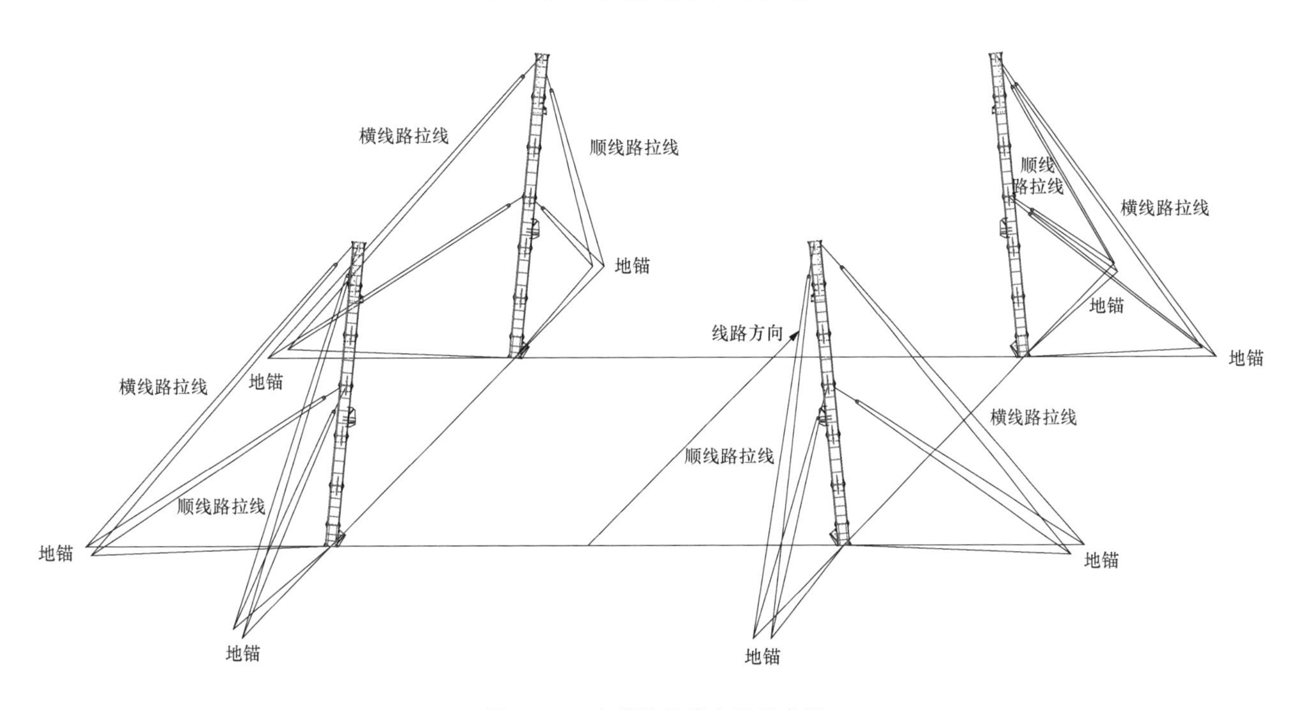

图 2-38 主管外拉线布置示意图

水平管采用四点起吊方式，如图 2-39 所示。

（2）500t 履带吊辅助 240t 起重机＋85t 履带起重机就位。水平管两端法兰就位后，履带起重机吊钩继续保持受力，防止水平管中心向下沉影响八字管就位。240t 汽车起重机和 85t 履带起重机吊装八字管。每侧的八字管长度约 46.19m，重量约 23.9t。八字管吊点布置如图 2-40 所示。多台起重机配合就位示意图和实物图如图 2-41、图 2-42 所示。

（3）T2T1500 抱杆辅助 500t 履带起重机就位。25 段水平管就位后，平臂抱杆吊钩仍处于受力状态，防止水平管中间下沉，方便八字管安装就位。八字管由 500t 履带起重机进行吊装。

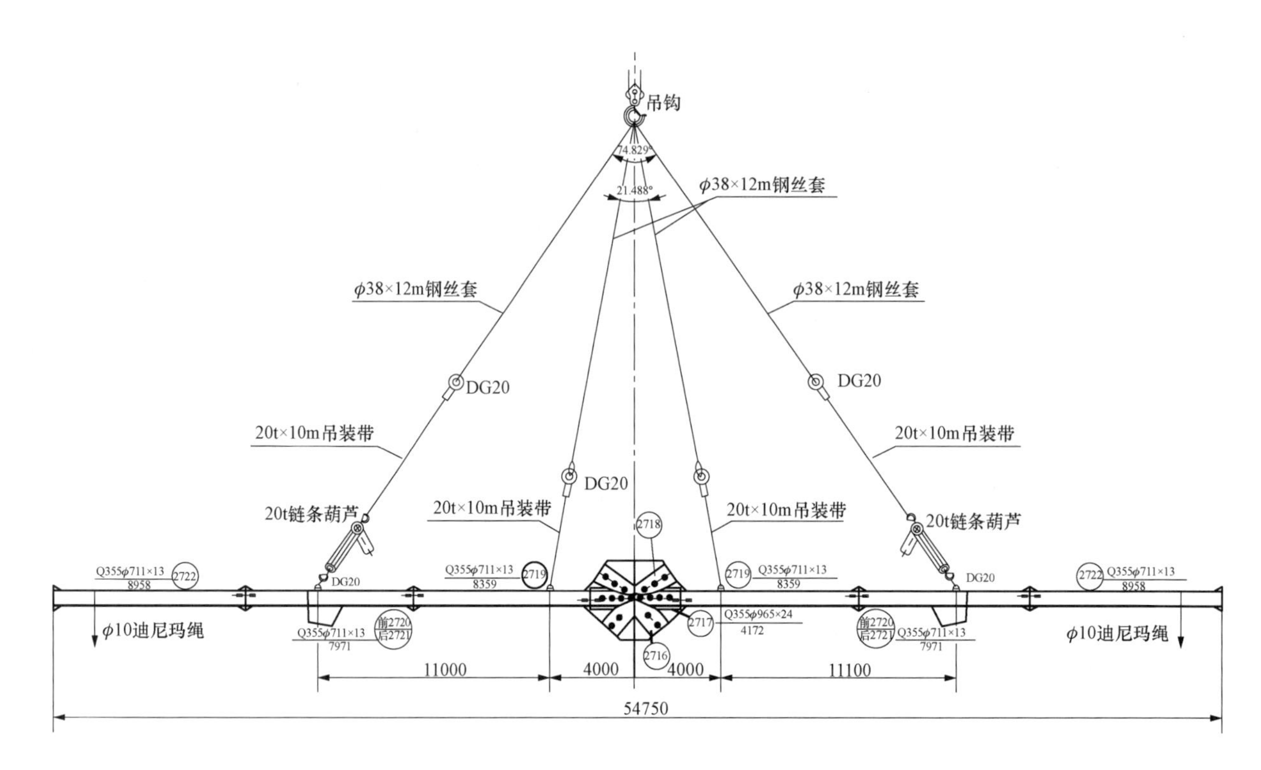

图2-39　水平管四点起吊示意图

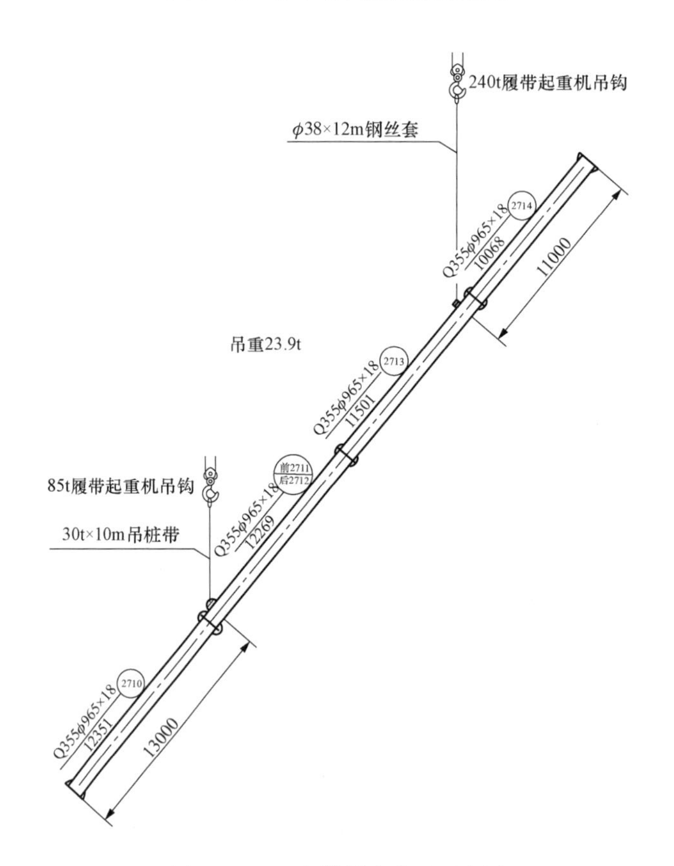

图2-40　八字管吊点布置示意图

2. 吊装耳板设置

为便于吊装，经与设计、厂家联系，本工程管件上设置吊装耳板，加工样式如图2-43所示。

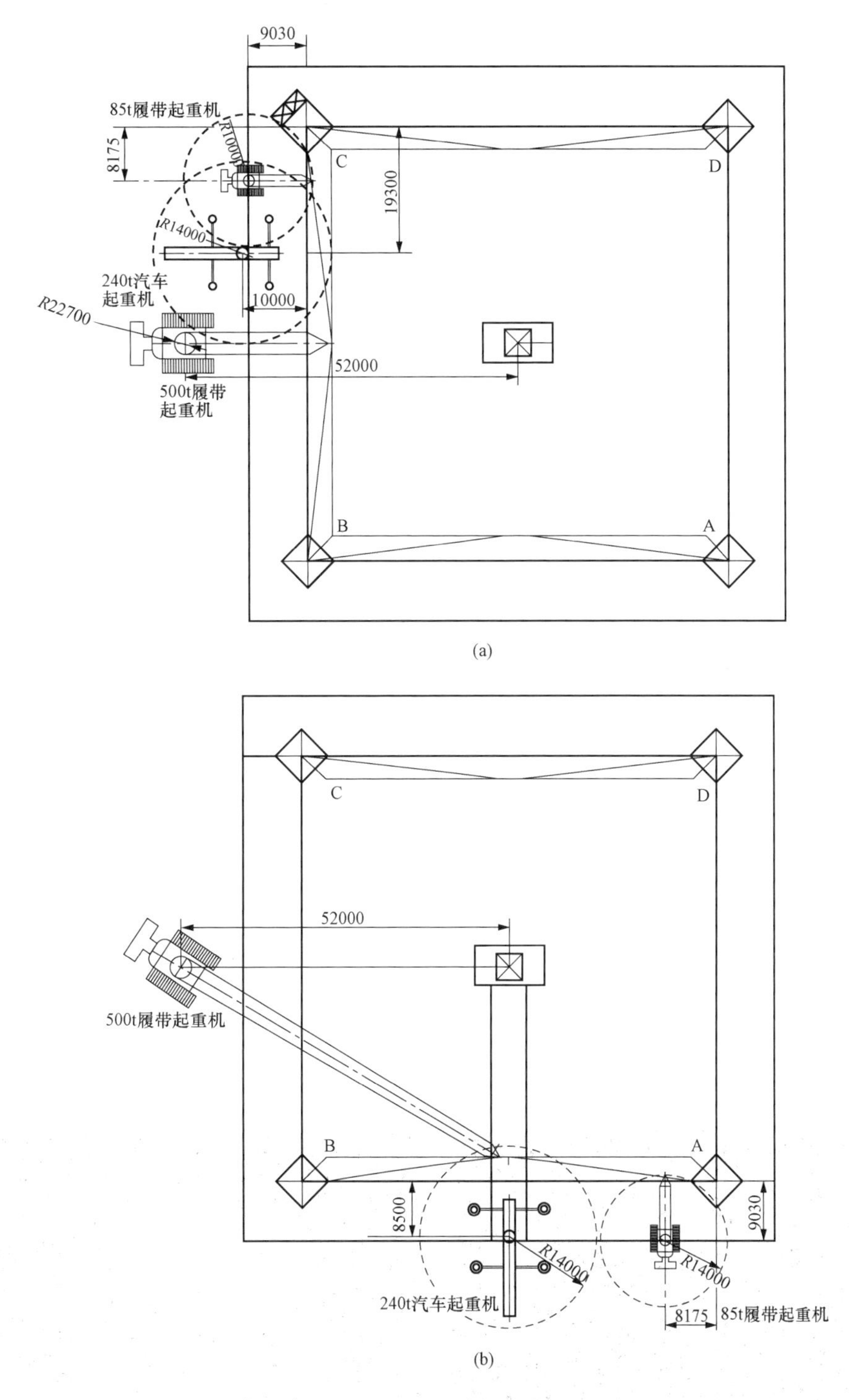

图 2-41　多台起重机配合就位示意图

(a) 示意图 1；(b) 示意图 2

3. 吊装防变形校核

为防止吊装构件变形，在吊点选择上进行校核，以塔腿段大水平管吊装为例进行受力分析，如图 2-44 所示。第一隔面外立面水平管计算跨度 57.954m，钢管采用 711mm 外径，13mm 壁厚的 Q355 钢管，中间为相贯连接节点，设置 4 个刚性法兰接头。水平管总重量 17.691t（水平管 8.468t，中部节点 9.223t）。考虑为水平均布自重荷载标准值 1.432kN/m，中间相贯节点集中自重荷载 90.371kN。采用有限元分析程序分析可知，没有支撑条件下跨中最大挠度 247mm。根据吊装

图 2-42 多台起重机配合就位实物图

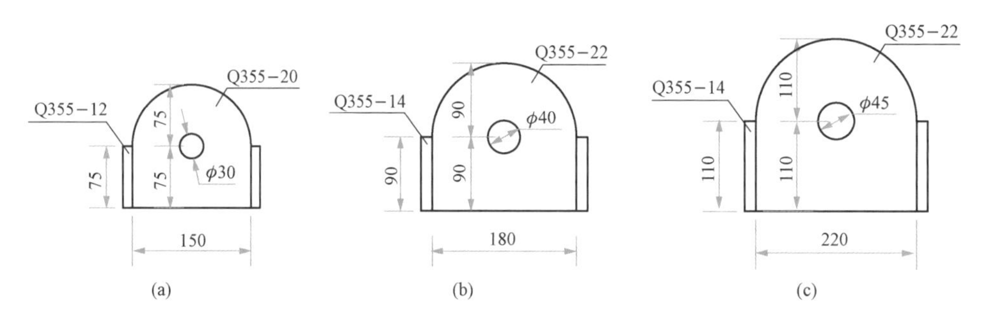

图 2-43 吊装耳板设置样式图

(a) 10t 级；(b) 15t 级；(c) 20t 级

方案采用对称 4 根吊索拉住，使跨中挠度恢复至 0 时，跨中侧吊索拉力为 53.3kN，边侧吊索拉力为 38.5kN，吊装总吊重为 174kN。

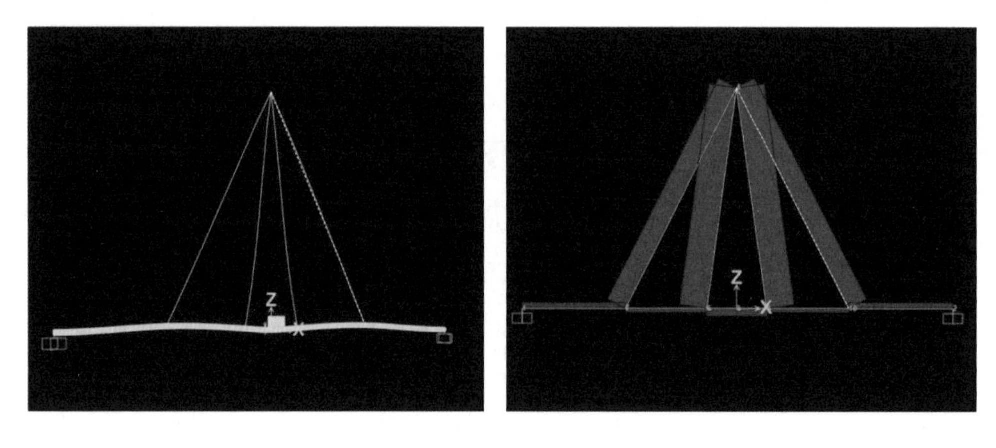

图 2-44 塔腿段大水平管吊装受力分析

【适用范围】

本经验适用于大型构件安装就位施工。

【经验小结】

（1）针对大跨越大型构件安装就位根开控制列举了用辅助拉线、多台起重机配合、起重机配合抱杆三种方式。

（2）介绍了吊装耳板的设计样式。

（3）介绍了吊装防变形校核方法。

经验 8　岩石地质铁塔临时拉线锚固

【经验创新点】

耐张塔临时拉线的布设直接影响紧挂线的安全，拉线地锚的埋设尤为重要。岩石地域架线过程中，地形、地质及周边环境受到限制，常规地锚无法实施的情况下，需要找到一种安全、可靠、适合的方式和工具为紧线施工提供保证。

对于耐张塔临时拉线地锚的设置，目前通常采用的是钢拉盘、地钻，如图 2-45 和图 2-46 所示。

图 2-45　耐张塔临时拉线地锚工器具—钢拉盘

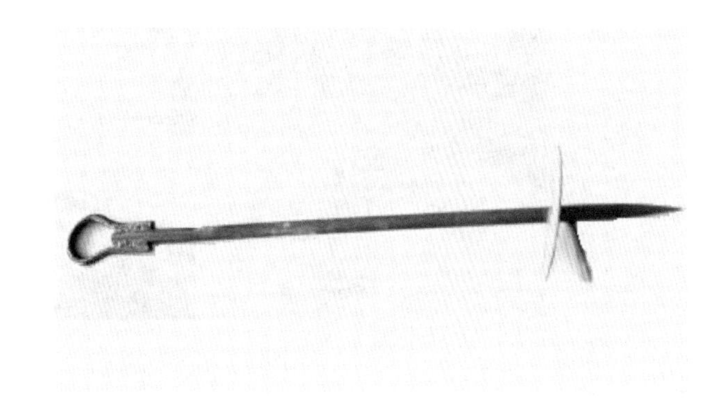

图 2-46　耐张塔临时拉线地锚工器具—地钻

工程建设中常会遇到裸露岩石众多的地质，山区机械无法到位，采取人工开挖功效低、耗时长，无法满足施工进度计划。施工区域附近特殊设施，不允许爆破开挖作业等因素。

针对此种极端条件，对岩石特性进行分析，寻找到一种新的方式，替代原有锚线，以满足本工程岩石地质临时拉线地锚配置要求。

根据岩石锚杆基础施工模式，引进应急救援专用小型凿岩机，地锚材料采用定制岩石地锚杆，其实物图和现场应用如图 2-47 和图 2-48 所示。

通过受力试验，采用此组合方式锚杆安全稳定，受力满足施工需求。

【实施要点】

（1）小型凿岩机便于运输，适合山区使用，利用爆破施工的钻孔技术，保证锚杆埋设深度；

（2）针对岩石地质的岩石自身坚硬的特性，通过几何受力和摩擦力原理，设计出满足施工要求的新型岩石地锚；

（3）通过联桩的方式增加锚桩的受力。

图 2-47 定制岩石地锚杆实物图

图 2-48 定制岩石地锚杆现场应用

【适用范围】

此种岩石地质铁塔临时拉线锚固方法，适用于岩石地质较坚硬区域，受岩石地质条件制约，必须进行现场拉力试验检测后才能实施。

对于岩石地质区域各种铁塔，临时拉线的锚固均可应用。

【经验小结】

新型岩石地锚技术已在多个架线工程中进行多次试验和应用，目前已形成 QC 成果和专利等科技成果。将在后续工程应用中持续优化本经验，提高岩石锚杆的受力，在特高压工程建设中进行推广。

经验 9　铁塔组立受力监控应用

【经验创新点】

内悬浮抱杆组塔工艺成熟，工器具需求相对落地抱杆大为减少，在大面积推行机械化作业之前，是最为普遍的组塔方法。在实际施工中，抱杆倾角和四角拉线的受力主要由施工人员凭经验估算，为了提高效率起吊重量往往被分包队伍擅自增加。而受地形影响，四方拉线对地倾角以及对铁塔中心连线的倾角往往也与计算工况不符。抱杆及钢丝绳的安全系数大大降低，给现场铁塔组立施工造成巨大的安全隐患。

特高压工程杆塔具有吨位大、横担长、铁塔高的特点。一旦出现安全事故，损失极大，目前大部分特高压工程均对内悬浮抱杆提出了限制，要求使用受力监控系统。该系统主要通过倾角传感器和拉力传感器对抱杆的倾角、钢丝绳的受力进行实时监控，将数据通过 Wi - Fi 传输至手机端并结合声、光报警方式，提示施工现场工作负责人和高空作业人员及时纠正现场不安全行为或施工隐患，有效降低内悬浮外拉线抱杆在吊装施工过程的安全风险。

【实施要点】

1. 设备简介

该套系统主要由信号收发系统、无线倾角传感器、无线拉力传感器三部分组成，所有部件均内置电池，充满电可连续使用约 200h，可以满足正常情况下一基杆塔的组立需要。

（1）信号收发系统安装及使用说明。信号收发系统由智能控制盒、充电器、遥控开关、Wi - Fi 天线、Lora 天线、4G 天线、SIM 卡托工具组成。

（2）安装天线。按照对应的天线类别，在智能控制盒背面按照标识安装好不同的天线，天线安装错误可能会导致接收不到信号，或信号无法传送到无线遥控器或服务器。

（3）安装 SIM 卡。通过随箱所配螺丝工具卸下 SIM 卡套，将 SIM 卡通过随箱所配的卡托插入卡槽。智能控制盒必须安装 SIM 卡，才能使用 4G 功能，否则无法将现场数据传输到云端数据平台。

（4）启动智能控制盒。安装好天线及 SIM 卡后，按下控制盒上的面板开关，等待约 3～5min 后，智能控制盒自行启动服务，启动后无需对智能控制盒做任何操作。系统使用过程中，智能控制盒禁止直接断电关机，关机后服务器将停止运行，将无法使用抱杆安全状态监控系统。理想状态下，满电可连续使用约 192～216h 左右。如夜间不施工时关闭电源，还可大幅延长使用时间。

（5）无线遥控开关。无线遥控开关可以通过遥控器控制传感器的开启和关闭，可以由每个传感器分别控制，也设有全部传感器的总开关按钮。为保证信号传输正常，当距离传感器较远时，可将遥控器上方延长天线伸出。

2. 倾角传感器安装及使用说明

每套监控系统配备 1 个倾角传感器，倾角传感器安装在抱杆上，通过无线遥控开关开启传感器，传感器开启时，当角度值超过设定的角度阈值时，倾角传感器将会通过声音及灯光实时报警，如果智能盒已安装 4G 卡，报警数据将会发送到平台。当下班或不使用时，关闭传感器。

（1）使用手机进入抱杆安全状态监控系统，进入该组塔场地的传感器列表界面。将倾角传感器进行倾斜 15°左右，查看传感器列表中倾角传感器“当前值”是否有变化，倾角传感器初始值 1°以内为正常范围，数值发生变化则代表传感器通信正常，可开始安装传感器。

（2）安装倾角传感器。先将倾角传感器支架套在抱杆角钢上，然后将连接板与支架承托板通过螺栓拧紧。将倾角传感器放置在支架承托板上并通过螺栓拧紧。倾角传感器安装时，务必保持水平；安装不水平将导致倾角传感器测量准确性的偏差和测量精度的下降。

3. 拉力传感器安装及使用说明

每套监控系统配备8个拉力传感器，拉力传感器安装在钢丝绳上，通过无线遥控开关开启传感器，当拉力值超过设定的拉力阈值时，拉力传感器将会通过声音及灯光实时报警，如果智能盒已安装4G卡，报警数据将会发送到平台。当下班或不使用时，关闭传感器。

（1）使用手机进入抱杆安全状态监控系统，进入该组塔场地的传感器列表界面。双手拉住传感器圆环向两边拉，查看传感器列表中拉力传感器“当前值”是否有变化，拉力传感器初始值为当前量程的4‰为正常范围，数值发生变化则代表传感器通信正常，可开始安装传感器。

（2）安装拉力传感器。先将卸扣套在拉力传感器两端环形孔上，通过销子与传感器拧紧固定，将拉力传感器两端与需监测钢丝绳相连。

（3）拉力传感器需轻拿轻放，避免摔砸撞击，任何振动造成的冲击或者跌落，都很有可能造成很大的输出误差。应严格按照拉力传感器量程确定所用传感器的额定荷载，拉力传感器虽然本身具有一定的过载能力，但在安装和使用过程中应尽量避免此种情况。短时间超载也有可能会造成传感器永久损坏。设计和加载装置及安装时应保证加载力的作用线与拉力传感器受力轴线重合，使倾角符合要求，偏心负荷的影响减至最小。

【适用范围】

抱杆受力监控系统适用于内悬浮抱杆组塔。

【经验小结】

本抱杆受力监控系统已应用于白鹤滩—浙江±800kV特高压直流输电工程（鄂7标段）铁塔组立施工。现场应用表明，本经验可以实时监测抱杆倾角和钢丝绳受力状况，根据监测数据分析结果，促进提升杆塔组立安全。

经验10 起重作业标准施工

【经验创新点】

特高压工程杆塔具有吨位大、横担长、铁塔高的特点，常规的内悬浮抱杆组塔面对特高压工程铁塔在施工工艺、施工安全以及施工进度上无法满足要求，因此多采取落地双平臂/摇臂抱杆或流动式起重机组塔。

落地抱杆起吊重量大，可以两侧同时起吊，有效提高施工速度，对于超高铁塔可通过增加标准节的方式满足施工需要。使用场地要求限制少，仅需杆塔中心进行场地平整即可，对部分无地形打设外拉线的塔位，安全性大大提高，但涉及的工器具多，小吨位铁塔经济性差，部分塔型吊装受限。

流动式起重机市面上型号众多，技术成熟，在一定塔高范围内，可满足所有塔型的吊装，尤其对于同塔换位塔的超长横担以及酒杯型铁塔，能有效解决落地抱杆吊装距离不够、自由高度过高的问题。但对于道路及场地的要求较高。

【实施要点】

目前特高压线路主流塔形，单回路直流为T形塔、单回路交流为酒杯塔和干字塔，双回路交流为王字塔。对于任何塔形，均应优先考虑起重机组塔，其次为落地抱杆组塔。起重机与落地抱杆的选型及组装方式的策划对工程的安全、进度、效益影响巨大。

1. 现场勘查

基础施工阶段应对施工进场道路、施工塔位现场地形进行全面勘察。在如今特高压线路工程基础施工大规模普及机械化施工使用旋挖钻机的形势下，道路承载力和道路宽度都能满足大型设备进场需要，主要需要考虑部分道路转弯半径以及坡度能否满足起重机、落地抱杆、材料等的进场要求。

2. 施工方法确定

落地抱杆选型：

（1）统计各塔形最小窗口尺寸，结合抱杆收臂后的尺寸，初步确定抱杆尺寸选择范围。

（2）统计塔形横担长度，尤其是最外端横担节的吊装重心距塔中心距离，确定抱杆工作幅度选择范围。若横担过长，吊装重心超过所能选用抱杆大臂长度时，应核对横担上是否设置辅助抱杆安装孔，使用辅助抱杆时，核对吊装长度是否足够。

（3）统计横担成笼整吊以及分2段吊装时的吊重，确定抱杆起吊重量是否满足施工需求以及功效需求，当1节横担需要采取3次及以上吊装时，应考虑更换起重力矩更大的抱杆。对于平臂抱杆，应考虑小车距离对吊重的影响，吊重应从组装起吊点计算，而不应以就位点的小车距离核对允许吊重，通常吊重计算值应大于铁塔半根开。

（4）涉及酒杯铁塔时，应选用带有抱杆监测装置的落地抱杆，并重点核对横线路方向及其偏移一定夹角范围内，偏移夹角应不大于在K节点处设置补强腰环时的拉线夹角。若组装场地不满足要求，应核对顺线路方向能否打设补强拉线，若以上条件均不满足，宜采取其他方式进行杆塔组立，不应以牺牲安全系数的方式强行施工。

（5）涉及钢管塔时，应结合所选落地抱杆自由高度，核对该塔形腰环打设施工孔高度、数量是否合适，应在铁塔加工前，提前与设计沟通调整。

3. 落地抱杆使用注意事项

（1）抱杆涉及的底座拉线、套架拉线、下支座拉线、腰环拉线、起升钢丝绳、变幅钢丝绳应严格按照厂家要求进行配置，破断拉力应满足使用要求。起升钢丝绳、变幅钢丝绳等需要通过抱杆滑轮的钢丝绳，当需要以大代小时，应咨询厂家滑轮轮槽能否满足使用要求。

（2）绞磨/卷扬机的设置方位应尽量避开组装区，并选择适合挖设地锚的场地。规格应按厂家要求进行配置，根据钢丝绳滑轮组配置方式，结合塔全高、抱杆露出塔全高高度以及大臂长度、绞磨/卷扬机距离铁塔中心距离，选择钢丝绳长度。当钢丝绳以大代小时，应考虑所选卷扬机容绳量是否足够，若钢丝绳增重产生吊钩难以下落的情况，应在采取措施后减小吊重。

（3）抱杆底座中心偏移应满足厂家说明书的要求，对于顶部窗口较小的塔形，还应注意底座中心偏移可能导致后续拆除抱杆时抱杆与铁塔抵住，导致抱杆无法下落的情况。对于耐张塔，应考虑铁塔预偏，顶部偏移的情况，应根据实测基础预偏值，提前计算抱杆底座中心偏移值。

（4）现场道路允许时，宜采用流动式起重机组立抱杆，通常在使用流动式起重机组立完第一层水平铁后进行抱杆组立。对于某些高跨塔根开较大时，起重机组立高度应满足在当前高度下，主材就位时，半对角尺寸在抱杆吊装幅度以内。

（5）抱杆自由高度宜遵从够用原则，在考虑就位高度和安全活动空间后，应尽可能地少，对于山区等运输困难的塔位，更应精细化策划。平臂抱杆一般按照回转平台高于地线支架顶部1～2个标准节高度控制，摇臂抱杆一般按照回转平台高于最上层导线横担顶部控制。

（6）每次顶升抱杆前，应将四侧辅材全部补装齐全并紧固螺栓。顶升时应由两侧同步顶升，由专人监护在横、顺线路两个方向监护抱杆垂直度。并有专人监护抱杆顶升时各腰环状态是否有卡滞、变形等情况，液压系统是否有漏油、失压等情况。需等问题处理完毕后再进行顶升，不得强行顶升。

（7）对有加强型标准节的落地抱杆，应严格按照厂家说明书要求进行安装，严禁使用普通标准节代替加强型标准节使用。

（8）起吊塔件时，两侧应平衡起吊，应使吊件同步离地、同步提升、同步就位，抱杆承受的不平衡力矩应在厂家说明书范围以内。当必须单侧吊装时，对侧吊臂应适当配重，起吊过程中抱杆应保持竖直。

（9）酒杯塔吊装时，对于上曲臂及以上部位超过自由高度时，应在K节点及上曲臂上口处设置补强腰环，补强腰环应受力均匀，略微收紧即可，以免影响后续中横担就位。应由厂家对此种特殊工况进行核算，重新出具起吊重量表。

（10）塔件采用旋转就位法时，旋转处应采用8.8级及以上连接螺栓，在使用完后应进行更换，旋转就位时应从上往下松出塔材，不应采取从下往上硬扳的方式。当塔件就位重心超出大臂长度过多，使用旋转就位法也无法满足要求时，应根据不同塔形，地线支架超出横线路侧的水平距离，选择使用辅助抱杆或地线支架进行边横担的吊装。

（11）落地抱杆使用电机驱动时，附着于抱杆的电缆应每隔一定距离与抱杆标准节进行捆绑，以避免自重过大，造成电缆拉脱。

4. 流动式起重机选型

（1）直流线路和单回路交流线路，应优先选择流动式起重机组塔，双回路同塔换位塔及重冰区铁塔等横担超长铁塔，也应创造条件使用流动式起重机组塔。

（2）根据进场道路条件，筛选出可以使用的起重机和塔号。对全线铁塔呼高平均值、全高平均值进行统计，根据不同的高度区间，加上吊具、起重机站位距离、高程等因素，确定起重机主臂、副臂长度需求值，选出起重机需求型号。

（3）对于呼高超过起重机主臂吊装高度的部分铁塔，应特别注意使用副臂时起吊重量能否满足组装需求。各型号起重机按从小到大的顺序，对铁塔进行流水线作业吊装。

（4）部分塔位起重机无法挪位或只能座于横线路侧时，应考虑吊装就位时吊臂可能与塔身接触的情况，对吊臂需求长度进行适量增加，以满足使用需求。

（5）部分进场道路修路成本过高，可根据情况使用履带起重机。

5. 流动式起重机使用注意事项

（1）起重机使用时，应严格履行进场审批手续，对于进场的起重机，严格审核是否有改装、以小代大等情况。

（2）对呼高超过起重机主臂吊装高度的部分铁塔，应特别注意使用副臂时起吊重量能否满足组装需求。各型号起重机按从小到大的顺序流水线作业对铁塔进行吊装。

（3）为使吊车进场后尽可能少移位，小吨位起重机吊装塔腿段时，只封其他三面的铁，靠起重机机体侧的一面影响起重机作业、收臂和撤出的铁全部不封，待起重机撤出后再封铁。大吨位起重机进场吊装横担及塔身时，应尽量选择顺线路侧，以能保证左右横担均在作业范围内。

（4）部分塔位起重机无法挪位或只能座于横线路侧时。应考虑吊装就位时吊臂可能与塔身接触的情况，对吊臂需求长度进行适量增加，以满足使用需求。

（5）根据塔腿根开以及塔腿主材长度的不同，塔腿段吊装主要分为单吊主材后封铁以及塔腿组装成笼整吊两种方式。两种方式在吊钩拆除前均应及时设置牢固可靠的临时拉线，并紧固地脚螺栓。在进行吊件重量核算时，应充分考虑附带辅材、螺栓、脚钉及用于就位的手扳葫芦、卸扣、钢丝绳套等荷载。进行临时拉线受力计算时，主材对地倾角在图纸上量取后，根据正方形/矩形根开比例，计算对铁塔中心综合倾角，以此计算拉线水平受力，在考虑拉线对地夹角时，还应考虑拉线与铁塔中心至主材连线的偏移角。

（6）塔身的吊装主要采取分片吊装，部分塔型上部塔身段根开较小时，也可用连片吊装，但不宜超过两段连片，并应做好塔片补强措施。

（7）酒杯塔宜整体吊装曲臂，并在曲臂两侧设置控制绳，曲臂中间设置手板葫芦，以方便后续横担吊装时就位。

（8）所有塔形的横担均宜整吊，以减小高空作业量，降低安全风险，提高工效。对于酒杯塔，在地形允许情况下，宜将中横担、边横担、地线支架全部组装成整体吊装。应重点核对所选用起重机起吊性能能否满足起吊要求，不满足要求时应更换更大吨位的起重机或分开组装。

【适用范围】

本经验适用于起重机组塔在道路条件满足要求时，各电压等级的杆塔组立工作。落地抱杆在考虑经济性的前提下，适用于±800kV 直流，1000kV 双回路交流线路，在能保证吊件稳定，结构安全的前提下，也可用于 1000kV 单回路交流线路。

【经验小结】

熟悉杆塔结构特点，详细做好前期勘察工作，基础施工兼顾立塔场地修整，选择合适的施工机械和铁塔组立方法，将大大降低工程成本，提高工程效率，降低安全风险。

第三章　架线施工典型经验

本章主要针对特高压线路工程架线施工阶段在精细化布线、滑车悬挂、多型号导线连续展放、弧垂测量机控制、跳线安装等方面的新技术、新装备、新工艺现场应用经验进行梳理总结，编制形成了架线工程共15项典型经验。

经验1　张力放线布线精细化施工

【经验创新点】

随着输电线路走廊的逐渐饱和，线路逐渐向高山大岭、深山深沟转移，地形高低起伏较大，在张力放线施工中，传统布线方式通常以经验比例乘以各档档距累加得到放线线长，所得线长往往与实际存在一定的误差。面对日益复杂的施工条件，进一步精细化施工要求是解决布线误差的唯一途径。

本经验通过对放线过程中和导地线升空后的应力状态的探讨，来确定各档的线长，细化分析放线施工中导地线损耗以及线长初伸长变化，从而精确布控整个放线段的导地线。

【实施要点】

1. 导线布线计算原理及依据

（1）张力放线应力平衡原理，即可以将张力放线完毕，牵张两场导线锚固以后，整个放线区段内各档导线看作应力平衡，滑车摩阻系数取1.015。

（2）架空线路力学中线索弧垂与张力的关系。

（3）架空线路力学中线索线长与弧垂的关系。

（4）架空导线初伸长常规处理方式的分析。

2. 导线布线计算与操作步骤

计算流程如下：

（1）导线展放完成后，按张力机出口张力，逐档推算各档导线升空后的导线水平张力；

（2）根据各档水平张力，计算出各档该状态下实际导线弧垂；

（3）计算出相应状态下的各档导线线长；

（4）累加得出导线放线总线长。

具体布线计算步骤如下（为方便论述，本经验以单根导线计算为例）：

1）张力放线完成后各档导线张力状态。通过对放线完后各档之间导线轴向张力分析，确定每档在导线升空后的张力情况。任意地形张力放线示意图如图 3-1 所示。

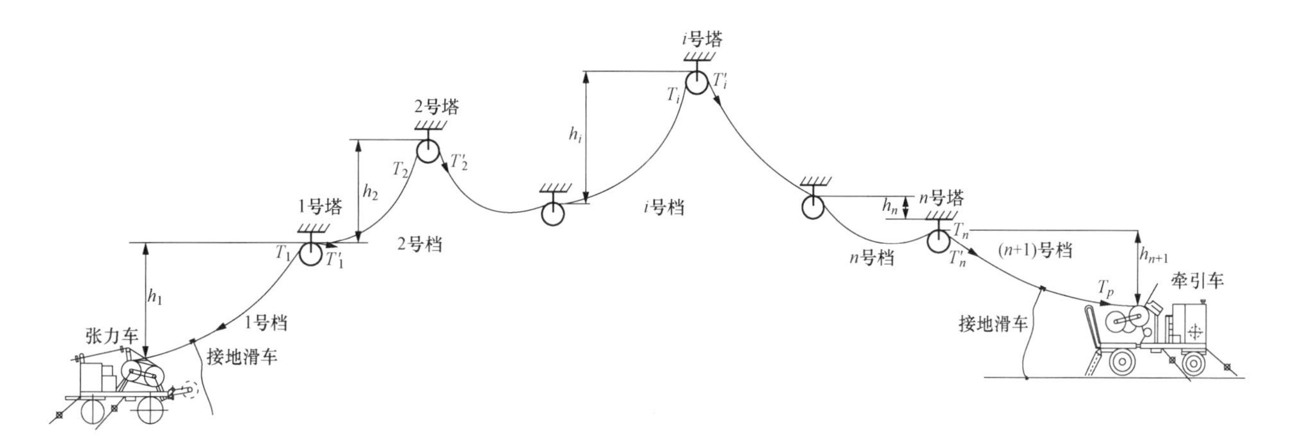

图 3-1 任意地形张力放线示意图

如图 3-1 所示，1 号塔放线滑轮左侧总轴向张力为

$$T_1 = T_T + \omega h_1$$

式中 T_T——每根子导线升空锚定后在张力机出口处的轴向张力（即张力机对每根子导线的轴向张力），N；

T_1——1 号塔放线滑轮张力侧导线轴向张力，N；

ω——每根子导线单位长度自重力，N/m；

h_1——张力机与 1 号杆塔组成的 1 号档悬点高差，m。

1 号杆塔放线滑轮牵引侧导线总轴向张力为

$$T'_1 = \varepsilon(T_T + \omega h_1)$$

式中 T'_1——1 号杆塔放线滑轮牵引侧导线总轴向张力，N。

ε——滑轮对导线的摩阻系数，一般取为 1.015。

依次类推，第 i 档 i 号塔牵引侧轴向张力为

$$T'_i = \varepsilon^n T_i = \varepsilon^n(T'_{i-1} + \omega h_i)$$

式中，单滑车 n 值取 1，双滑车 n 值取 2。

2）根据各档张力状态计算出各档线长。各档档距分别为 L_1、L_2、…、L_i、…、L_n。各档弧垂为 f_1、f_2、…、f_i、…、f_n。各党线长分别为 l_1、l_2、…、l_i、…、l_n。

3）首先根据各档在导线升空锚定后的轴向张力计算响应状态下的弧垂。以第 i 档为例，第 i 档的弧垂为

$$f_i = \frac{L_i^2 \omega}{8T_i \cos B}$$

4）根据各档弧垂计算各档线长。以第 i 档为例，第 i 档的线长为

$$l_i = \frac{L_i}{\cos\beta_i} + \frac{8{f_i}^2\cos^3\beta_i}{3L_i}$$

5）累加各档线长。根据计算得出的每档线长累加得出放线总线长为

$$l_z = l_1 + l_2 + \cdots + l_i + \cdots + l_n$$

上述计算公式可利用Excel表格公式编辑功能，提前编制完成，从而减小现场计算工作量及出错几率，大大地提高的工作效率。

3. 误差分析

（1）损耗线长分析。以上为理论计算线长部分，而实际施工过程中存在必然以下损耗部分：①导线压接损耗，包括压接换盘过张力轮时两端蛇皮套包裹部分，每次压接每端约损耗2.5m，合计约损耗5m。②牵引端和张力端锚线端头留余长度，每侧一般取为20m，两端共计40m。

（2）导线每盘实际长度。厂家出厂时每盘导线标注有实际长度，通常会比整数略大，一般盘尾多5m。

（3）关于导线展放初伸长的影响。以220kV水神线使用的LGJ-400/35钢芯铝绞线为例，导线施工时按降温20℃进行初伸长的控制，根据+30℃和+10℃两种温度状态的下弧垂值，计算得出线长差值所占比例为0.0002～0.0005，按最大比例、总放线线长8km进行计算，初伸长影响值约为4m，所占比例极小，可以忽略不计。

4. 导线盘余量计算控制

在实际放线施工中，每相导线最后一盘一般不可能全部展放完毕，尾盘数量的确定对于下相导线的展放布控显得至关重要。

展放后导线盘上余量可以依据盘径ϕ、导线直径及圈数逐层推算。

由内到外第1层导线每圈长度为：π×（ϕ+导线直径），该层总长为：π×（ϕ+导线直径）×圈数，第2层导线每圈长度为：π×（ϕ+3×导线直径），该层总长为：π×（ϕ+3×导线直径）×圈数，逐层累加即可得到导线盘余量。

5. 压接管位置控制原则

根据以上理论计算得出放线完毕升空后的每档实际线长，每盘导线实际放出的长度进行压接管位置推算，合理控制压接管所处位置，避开不能压接档，以及保证离悬垂线夹5m以上距离，离耐张线夹15m以上距离。

根据放线施工中升空后各档较精确的线长作为计算支撑，并且对各线盘的数据有准确掌控，对压接管的位置布控可以做到精细化管理，从而解决传统计算方法带来的误差问题。

【适用范围】

此精细化施工工艺适合所有区段放线工艺，通过对导线展放施工中放线施工进行精细化布控，从而达到最优、最省、最快的工作效果。

【经验小结】

面对架空线路设计工况及施工环境愈来愈艰难复杂，布线精细化计算仅仅是解决了架空线路工程中的一部分问题，一线施工技术人员必须把如何更精细化地施工提到议事日程上来，这样才能使生产技术与时俱进，迅速适应新的环境并且不断提升效率。下一步将探讨如何利用悬链线方程，使用更加精细化的计算方式，减小实际工程中的误差问题。

经验2　多分裂导线滑车悬挂施工

【经验创新点】

在特高压线路工程中，每相（极）导线一般为六分裂或八分裂，其滑车悬挂方式也各不相同，困难程度也不尽相同。

其中八分裂导线滑车悬挂最为典型，由于交流线路和直流线路子导线截面差异较大，导致子导线放线张力差异较大，受牵引设备选型制约，一般直流采用“4×一牵二”方式，每极悬挂四组三轮放线滑车；交流线路采用“2×一牵四”方式，每相悬挂两组五轮放线滑车。在此通过特高压直流线路八分裂导线滑车悬挂的典型经验展开分析。

其中常见且较为适用的几种悬挂方法如下：

（1）直线塔滑车悬挂方式一。直线塔滑车挂架连接方式一，如图3-2所示，特点包括：挂具重量相对较轻；滑车间距可以满足；走板过滑车不同步时，有适量的扭转。

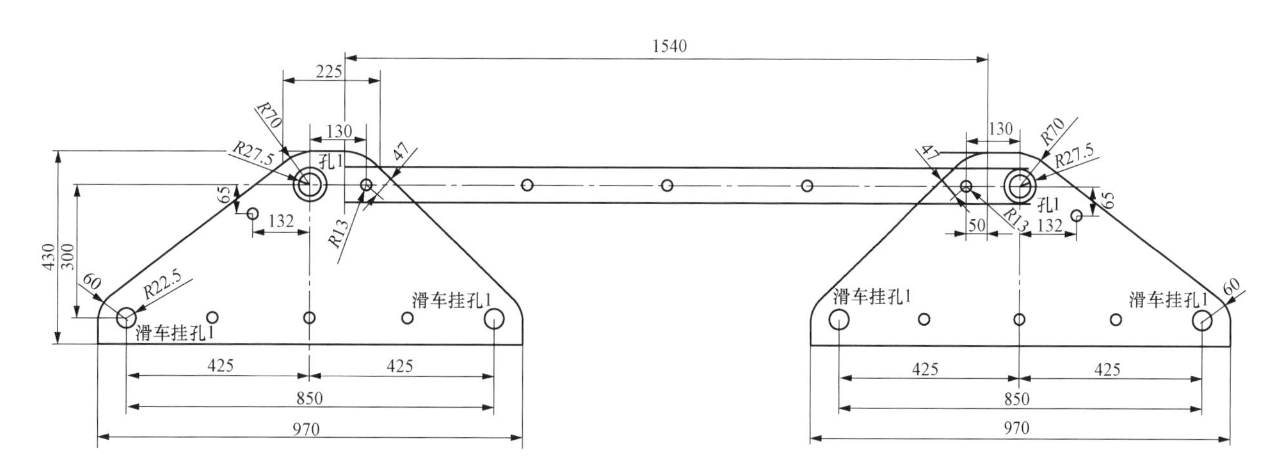

图3-2　直线塔滑车挂架连接方式一

（2）直线塔滑车悬挂方式二。直线塔滑车挂架连接方式二如图3-3所示，特点包括：整体性较好、重量相对较轻；组成构件及连接螺栓较多。

（3）直线塔滑车悬挂方式三。直线塔滑车挂架连接方式三如图3-4所示，特点包括：挂具重量相对较重；滑车间距可以满足；整体性较好；不同步过走板时，控制扭转较好，给后续紧线施工带来便利。

（4）直线塔滑车悬挂方式四。直线塔滑车挂架连接方式四如图3-5所示，特点包括特点：滑车间距可以随意调节；滑车高差不易控制；走板通过时，滑车前后摆动幅度较大。

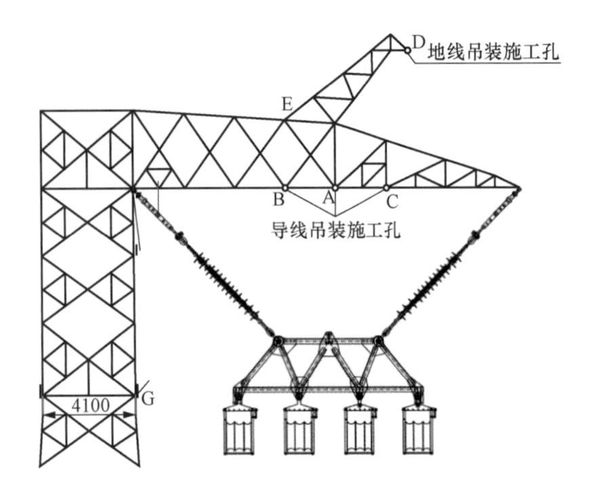

图3-3 直线塔滑车挂架连接方式二

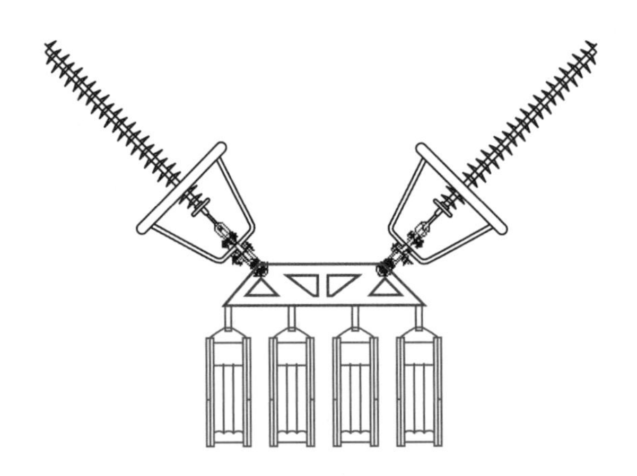

图3-4 直线塔滑车挂架连接方式三

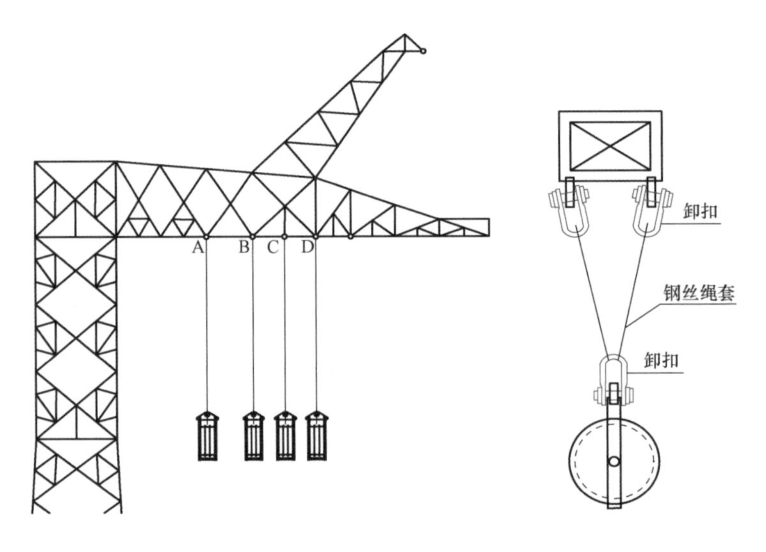

图3-5 直线塔滑车挂架连接方式四

【实施要点】

（1）上述悬挂方式主要适用于特高压直流线路八分裂、大截面导线放线滑车悬挂。

（2）针对大截面导线，采用不同的分裂形式（八分裂或六分裂），只需要选择合适的滑车挂孔进行配合使用即可，具有一定的通用性。

（3）上述悬挂方式较利用现有的金具联板配合挂具悬挂放线滑车，在满足承载施工受力需要的同时，减少附件提线高度，提高了施工效率。

（4）方式三联板中间设计有镂空槽，以便在保证工具使用强度的情况下减轻联板整体重量，方便施工。

（5）方式四采用钢丝绳套独立悬挂时，适用性较强，但要设置长度调节措施。

【适用范围】

多分裂导线滑车悬挂方式的选择，主要取决于承受的荷载和外部环境，上述第一种导线滑车悬挂方式较适合于荷载小、地处平丘地段，第二种悬挂方式主要适用于档距较大、多风的地段，第三种悬挂方式安装较为简单，较为普遍适用，第四种悬挂方式对于交直流线路均适用，其独立的悬挂方式施工起来也较方便，但对钢丝绳套的等长定制要求较高，可串入长度调节装置，便于紧线弧垂测量。

【经验小结】

我国特高压线路工程从西到东，从北至南，经过了各种复杂的地形，也涵盖了各种类型的导线，多分裂导线放线滑车悬挂方式应根据张力放线方式、地形条件、档距大小、垂直荷载、铁塔施工孔情况、已保有的挂具情况，进行综合考虑选择，并进行必要的受力验算，方可保证放线施工的安全。

经验3　大高差、大截面多型号导线连续上下山展放施工

【经验创新点】

通常导线放线会根据导线型号变化进行张牵场区段划分，但部分高海拔、大高差地形导致设计覆冰厚度变化较大，从而带来导线选型在较短距离不断变化，而此类地形受交通条件限制，张牵场又较难选择，给放线施工带来较多困难。雅中—江西±800kV特高压直流输电线路工程（川3标段）地处高山大岭，交通情况极差，平整场地十分稀少，张牵场地十分难选，一个张牵段存在三种不同型号导线，且导线型号连续变换9次，放线施工难度大。

以N0534－N0553放线区段为例，放线区段挂点最大高差为1708m，张牵场地高差为1530.9m，如此大高差、三种型号大截面导线反复切换连续展放施工在输电线路施工历史上首次出现。

针对雅中—江西±800kV特高压直流输电线路工程高山重冰区大高差、多种型号大截面导线连续上下山展放施工难题，通过优化场地选择、上扬和预倾控制、分阶段递增施加张力、多型号导线优化连接等措施，解决了施工难题，确保了施工安全、质量及进度，达到了预期效果。

【实施要点】

针对高山重冰区、大高差、三种型号大截面导线连续展放施工，以雅江工程N0534－N0553放线区段为例，主要采取以下几点措施：

（1）张牵场选择。山区大高差、大截面导线展放，需合理选择张牵场，验算各杆塔导引绳、牵引绳受力情况。张力展放导线采用“3×一牵二”方式，通过分别对张力场选取在山下和山上两种情况进行受力计算。放线段如从山下（N0534）向山上（N0553）展放，导引绳、牵引绳受力情况见表3－1，放线段如从山上（N0553）向山下（N0534）展放，导引绳、牵引绳受力情况见表3－2。

表3-1　　山下向山上展放导引绳、牵引绳受力情况

张牵场位置	计算对象	控制档N0536-N0537张力（kN）	张力机出口整定张力（kN）	牵引机最大牵引力（kN）	牵引机过载保安值（kN）	牵引绳破断拉力（kN）	安全系数	允许安全系数
张力场：N0534 牵引场：N0553	ϕ 10强力丝牵 ϕ 14强力丝	＞0.7	7.0	16.2	17.8	58	3.26	5
	ϕ 14强力丝牵□18导引绳	＞4.5	6.0	32.2	35.4	108	3.05	5
	□18导引绳牵□28牵引绳	＞11.9	15.5	81.5	89.6	206	2.30	3
	□28牵引绳牵导线	＞16.6	22.0	223.5	245.8	540	2.20	3

表3-2　　山上向山下展放导引绳、牵引绳受力情况

张牵场位置	计算对象	控制档N0536-N0537张力（kN）	张力机出口整定张力（kN）	牵引机最大牵引力（kN）	牵引机过载保安值（kN）	牵引绳破断拉力（kN）	安全系数	允许安全系数
张力场：N0553 牵引场：N0534	ϕ 10强力丝牵 ϕ 14强力丝	＞2.2	6.8	10.1	11.1	58	5.24	5
	ϕ 14强力丝牵□18导引绳	＞4.5	13.2	19.6	21.6	108	5.00	5
	□18导引绳牵□28牵引绳	＞11.9	43.0	52.3	57.6	206	3.58	3
	□28牵引绳牵导线	＞16.6	65.0	113.0	124.3	540	4.34	3

比较上述两个表可以看出：从山下往山上展放，导引绳、牵引绳牵引力过大，安全系数不能满足规范要求；张力非常小，放线区段余线较多，导线损耗较大；同时小牵引机、大牵引机达到满载或超载。显然，这样布置张、牵场不可行，只能选择从山上向山下展放导引绳、牵引绳及导线。

（2）上扬及预倾斜控制措施。施工前对放线区段可能上扬的塔号进行计算，计算出上扬力，导引绳、牵引绳上扬力统计见表3-3。

表3-3　　导引绳、牵引绳上扬力统计表

线型	N0549上扬力（kN）	N0545上扬力（kN）	N0537上扬力（kN）
导引绳 ϕ 14	0.08	0.11	0.09
导引绳□18	0.11	0.12	0.10
牵引绳□28	0.34	0.59	0.34

上述塔号导引绳、牵引绳上扬，上扬力较小，但塔号均为耐张转角塔，转角相对较大，故利用放线滑车压线，放线滑车压线如图3-6所示。按常规方法悬挂放线滑车，但在放线滑车挂点增加一根拉线至地锚锚固，并能调节张力。在放线滑车底端绑扎一根控制绳，与横担连接并能调节放线滑车的倾斜角度，随着导引绳、牵引绳等上扬情况进行人工调整。

放线区段通过无上扬的耐张转角塔较多，角度较大的耐张转角塔放线滑车采取预倾斜措施，

并随时调整预倾斜程度，使导引绳、牵引绳、导线的作用力方向基本垂直于滑车轮轴，转角塔放线滑车的预倾斜方法如图 3-7 所示。

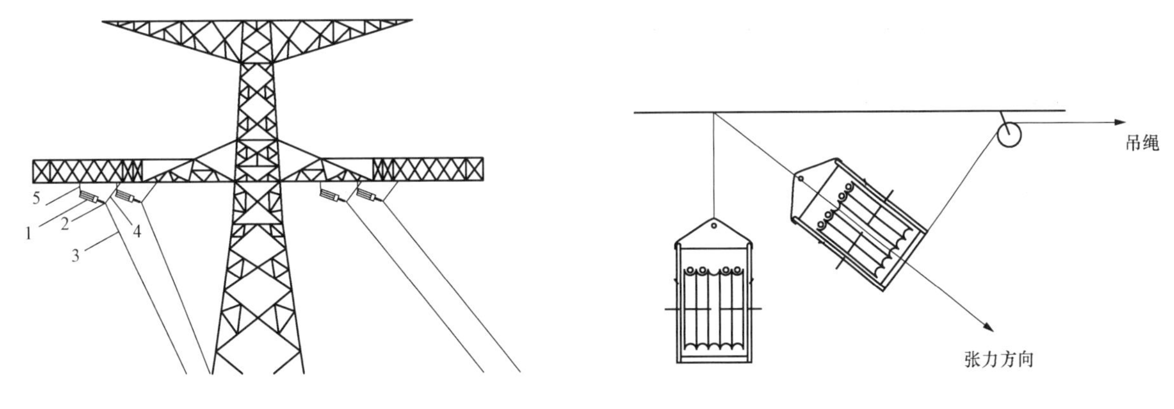

图 3-6　放线滑车压线示意图

1—放线滑车；2—联板；3—压线钢丝绳；

4—放线滑车挂具；5—预倾斜控制绳

图 3-7　转角塔放线滑车的预倾斜

(3) 分阶段递增施加张力施工方法（以展放导线为例）。张力场布置在山上可大大减少牵引力，改善绳索受力，但三种型号导线连续展放，如放线张力控制不当，仍会出现上扬或导线拖地的现象。张力展放导线时，用分阶段递增施加张力的方法处理导线、牵引绳的上扬和导线对地距离，整个放线段分四次调整张力值，导线分段施加张力如图 3-8 所示。

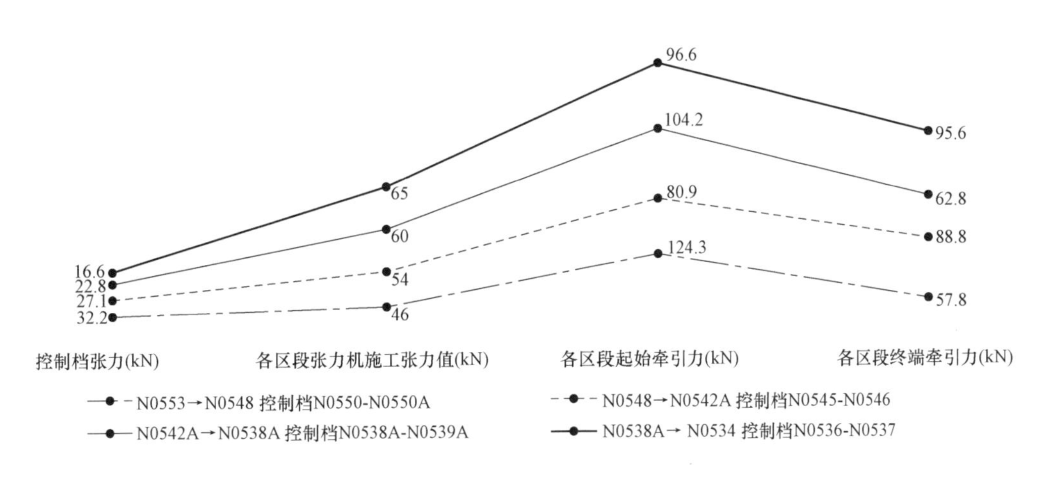

图 3-8　导线分段施加张力曲线图

张力展放导线过程中，初始张力机的张力调到 46.0kN（每根导线张力）。当牵引板通过 N0548、N0542A、N0538A 后，逐渐增加张力达到该放线区段要求张力值，同时通过各控制挡张力控制，消除了部分牵引绳上扬，又满足对地距离的要求。

(4) 多型号导线连接控制措施。选取适用于高山重冰区连续变截面导线展放的连接方法，不同型号导线连接如图 3-9 所示。

导线连接方法 1：网套连接器组合抗弯旋转连接器连接。该方法可以解决不同规格导线之间的连接问题，但因本工程大高差、连续上下山，前端单头网套因放线张力大，过滑车次数多，存在

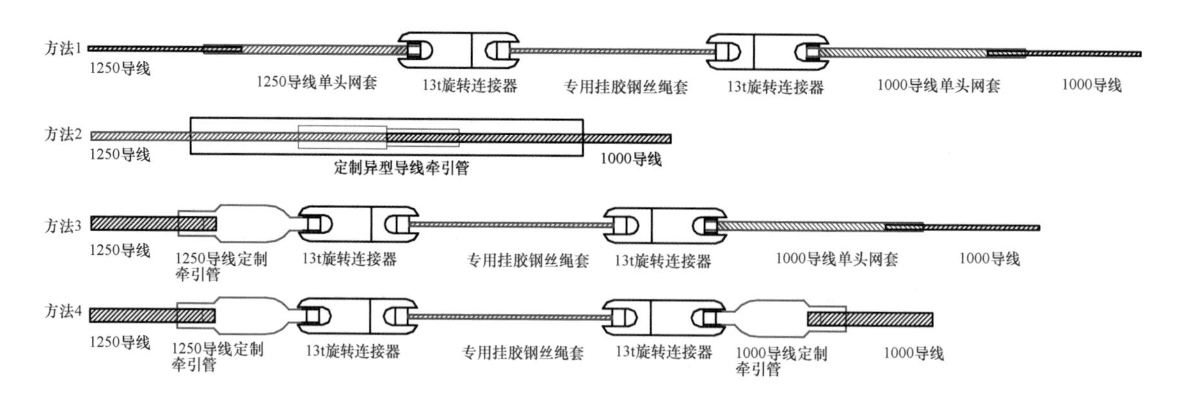

图 3-9　不同型号导线连接示意图

安全隐患，在本工程实际应用中不可取。

导线连接方法 2：液压异型牵引管连接。该方法因不同规格导线截面积不一致、钢芯与铝合金芯材质不一，导致压接受力不好，导线扭力积聚不易释放，不同导线扭矩差易造成导线松股，在本工程实际应用中不建议使用。

导线连接方法 3：一端采用牵引管、另一端采用网套连接器。该方法适用于平原较短放线段，在本工程大高差、连续上下山放线段实际应用中存在安全隐患，不选择该方法。

导线连接方法 4：定制牵引管组合抗弯旋转连接器连接方法。

经过研究比选，综合考虑受力安全，在本工程采用连接方法 4，即牵引管组合抗弯旋转器连接方法，既解决了不同规格大截面导线连接难题，又消减了因不同规格导线张力连续展放造成的扭矩差。该方法安全可靠，适用于特高压工程大高差、大截面多型号导线连续上下山展放。

（5）利用无线监控手段实时监控放线过程。利用带无线视频监控的导线牵引走板、无人航模实时跟踪监控导线展放过程，确保牵引走板和各种接续管顺利通过滑车，确保导线对跨越物的安全距离。

（6）精确绘制导线放线曲线模板进行断面比拟，校核工器具选型。利用 CAD 软件制作不同规格导线的放线曲线模板，进行张力比拟，进一步校核高山重冰区连续变截面导线展放时不同塔位相关工器具选型。

（7）合理控制线长。利用 CAD 软件进行布线，确定连续展放导线的换线部位。根据控制档张力计算每种规格导线展放线长，线盘查圈控制导线放出实际长度，同时根据牵引走板位置、各压接管位置校核线长，综合考虑耐张塔内外角线长差异，保证导线展放布线精确化、合理化。

（8）加强导线展放质量管控。导线布线时第一盘导线为整盘导线，尽量减少接续管数量，使接续管尽量少通过滑车，采用带蛇节的接续管保护装置，提高导线展放质量。

【适用范围】

适用于输变电工程大高差、大截面多型号导线连续上下山展放施工。

【经验小结】

本项目实施后，可为各种地理条件下输电线路工程的放线展放施工提供可靠的技术保障，保证放线施工的安全。设计单位也可以更加灵活地选择地形、地势进行设计。针对大高差、大截面多型号导线连续展放、连续上下山等施工难点，通过优化场地选择、上扬和预倾控制、分阶段递增施加张力、多型号导线优化连接等措施，解决了施工难题，确保了施工安全、质量及进度。该项目的成功应用，不仅确保了特高压工程建设的快速推进，对今后的工程建设也有很好的借鉴作用。

经验4　山区架空线路重覆冰区滑车悬挂及大转角塔上扬压线施工

【经验创新点】

针对雅中—江西±800kV特高压直流线路工程（云3标段）山区架空线路施工中遇到的30mm重覆冰区双联双线夹直线塔滑车悬挂、耐张塔上扬控制问题，考虑重覆冰区双联双线夹直线塔在施工期间未覆冰垂直荷载小的特点，采取在双悬垂联板上方LT型联板中部增设施工孔，并定制安装配套PT-110延长调整板，采用卸扣与单个悬垂联板相连的方式悬挂单滑车，从而解决常规双滑车悬挂工序繁琐且不利于弧垂控制的问题。

【实施要点】

（1）重冰区双联双线夹直线塔滑车悬挂。目前，±800kV特高压直流线路一般区段导线悬垂串基本采用“V”形串，且以单联/双联单线夹方式为主，某工程30mm重冰区为考虑后期覆冰荷载，设计为双联双线夹，前后线夹中心线间距为1m，双联双线夹设计如图3-10所示。

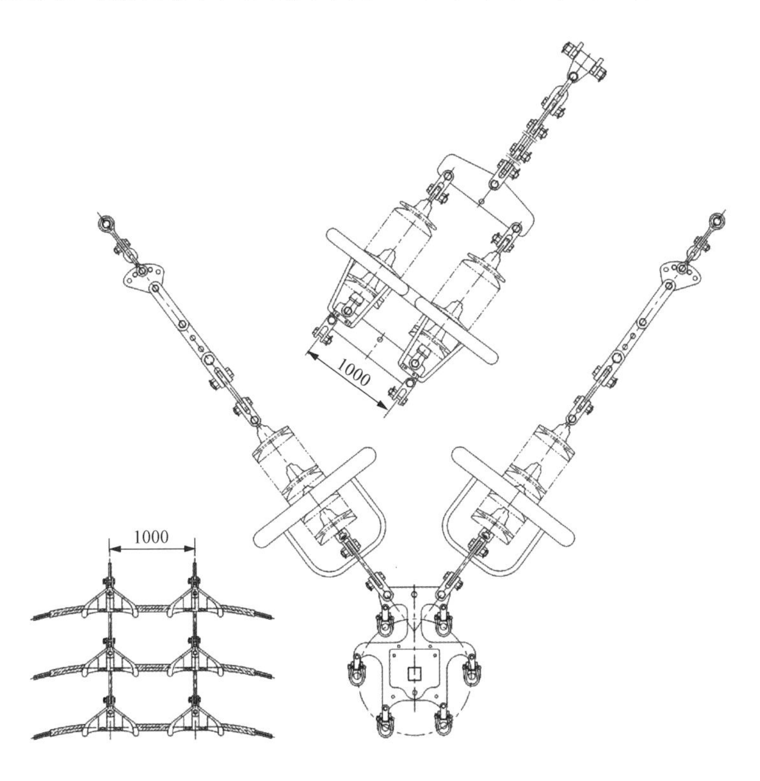

图3-10　双联双线夹设计图

对于常规单线夹方式，一般在悬垂联板下方设计挂具，后采取P-3018连接三轮放线滑车与挂具，单线夹滑车悬挂示意图如图3-11所示，滑车挂具连接示意图如图3-12所示。

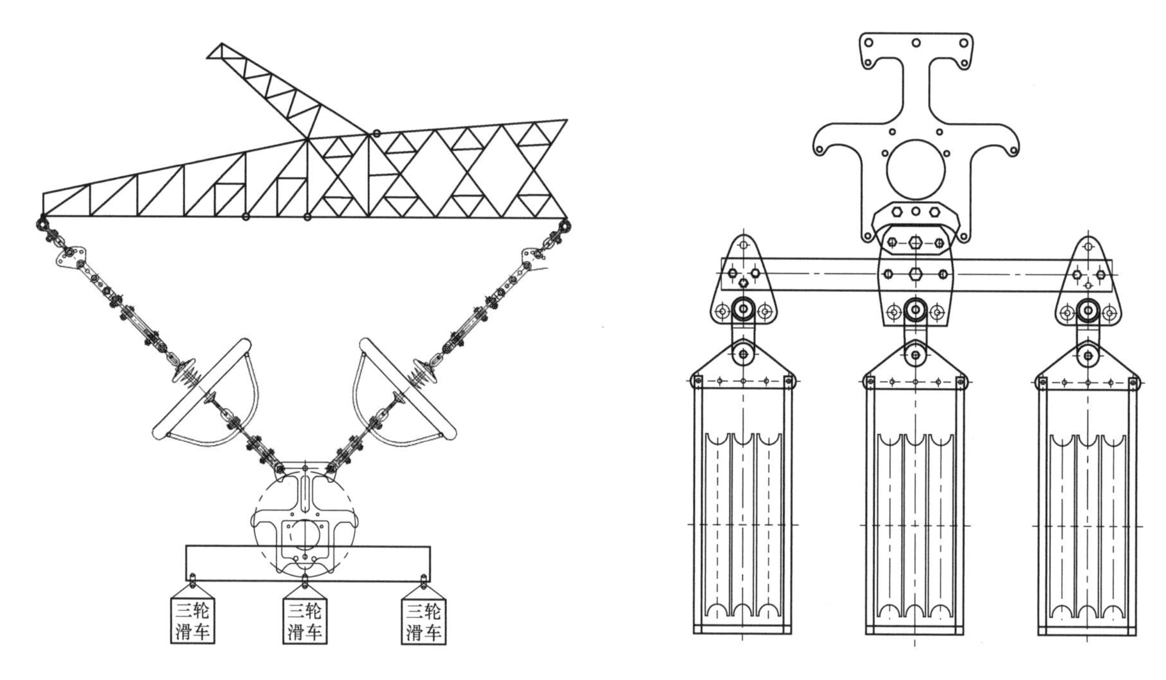

图3-11 单线夹滑车悬挂示意图

图3-12 滑车挂具连接示意图

对于双联双线夹，挂具安装在前后任一悬垂联板上均会造成受力不平衡，放线过程中易造成双联串相碰，瓷瓶破损。一般在非重覆冰区，双联双线夹用于垂直荷载大或重要跨越档两端的直线塔，施工时为保证滑车荷载安全系数，采用等长钢绞线在横担前后施工孔分别悬挂一组滑车，前后滑车再采用槽钢连接，钢绞线悬挂双滑车示意图如图3-13所示。

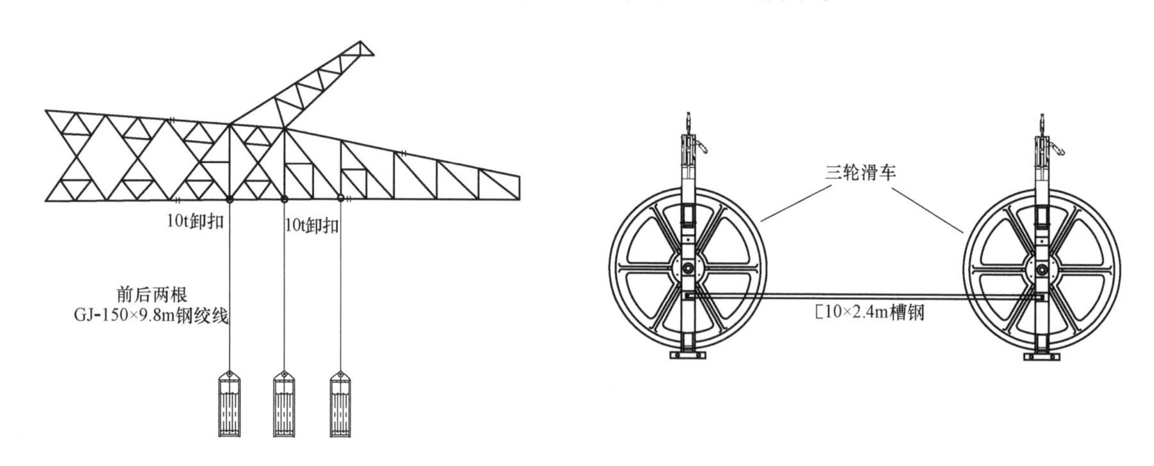

图3-13 钢绞线悬挂双滑车示意图

此种方式有两个弊端：一是放线后因空中导线影响，悬挂瓷瓶串工序烦琐，附件安装效率低，特别是停电跨越段，可能因此造成不能按期完成恢复送电；二是双滑车间距与附件前后线夹间距相差较大，附件安装后线长有变化，不利于弧垂控制。

某工程覆冰区直线塔双联双线夹设计是为后期覆冰荷载考虑，施工期间未覆冰，单滑车已满足垂直荷载要求，再按上述方式悬挂双滑车明显不合适。因此，可提前联系金具厂家在双悬垂联板上方LT型联板中部增加一处施工孔，并定制加工配套PT-110延长调整板，后缀10t卸扣与单个悬垂联板相连，双线夹单滑车连接示意图如图3-14所示。该方式因悬挂在中心线上可以达到受力稳定的效果。附件安装时，先利用提线装置将导线从滑车中提起，再将前后悬垂联板安装好，去除中间安装的滑车挂具，后续按常规流程安装即可。

（2）耐张塔上扬控制。云3标段因导线型号较多，放线过程中控制张力多变，沿线耐张塔转角度数较大、杆塔高差起伏大、档距小，在导引绳牵引主牵引机、主牵引机牵引导线过程中，耐张塔上扬情况比较多。耐张塔上扬需对放线滑车采取下压措施，既要确保各级绳索、导线作用力方向基本垂直于放线滑车轮轴，又要确保正常牵引过程中，各级引绳及导线与塔材、滑车边框等不能触碰及摩擦。上扬控制不当会造成跳槽、导线及滑车磨损，甚至出现安全事故等不利影响，因此，解决好上扬问题非常关键。

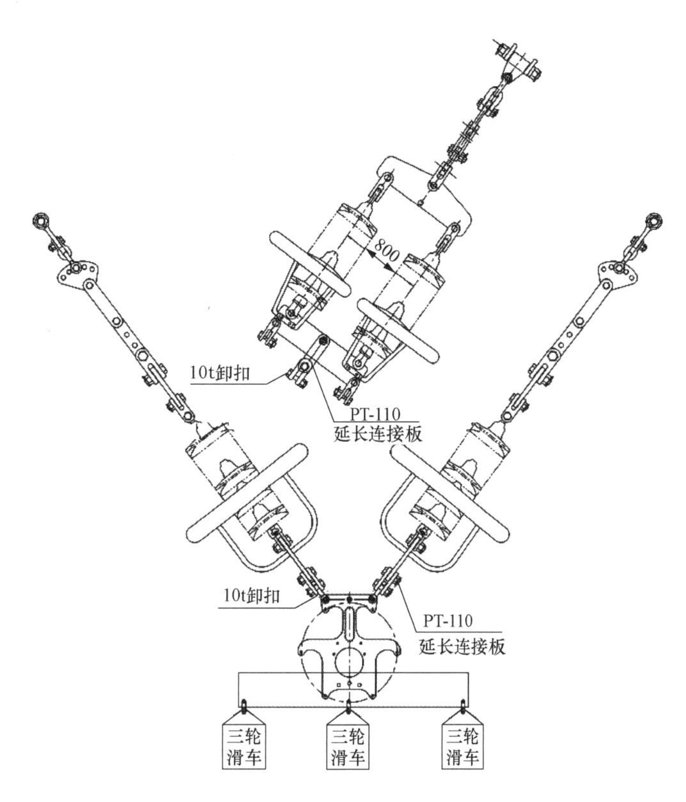

图3-14　双线夹单滑车连接示意图

针对上扬情况，DL/T 5286—2013《±800kV架空输电线路张力架线施工工艺导则》中给出主牵引机上扬用单轮压线滑车压绳消除。小转角及无转角耐张塔导线上扬用倒挂放线滑车来消除，如图3-15所示。

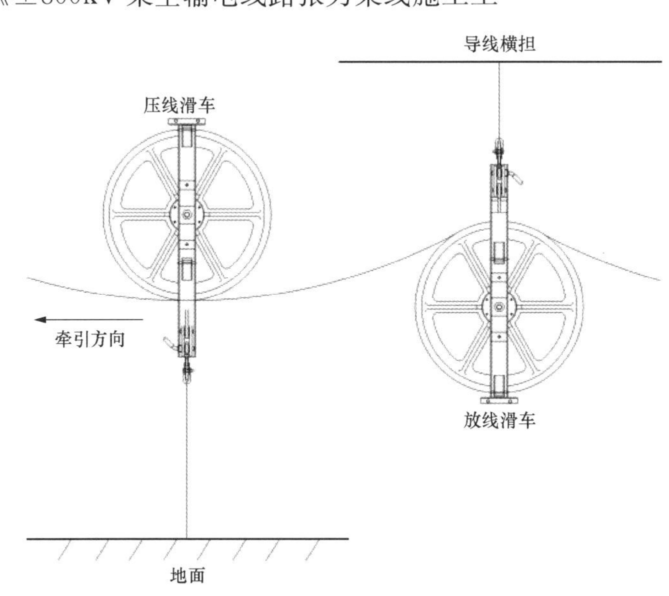

图3-15　单轮滑车压线示意图

因地形限制，山区转角塔转角度数普遍超过30°，放线时滑车向转角内侧呈倾斜状态，若仍采用单轮滑车下压上扬绳索，绳索受下压力后，容易造成跳槽，故导则中的压线方式已不适用。

对于转角度数偏大且主牵引机、导线均上扬的杆位，在±800kV锦苏线特高压输电线路中，可在挂具与放线滑车连接处增加1根控制绳，以控制放线滑车联板的位置。在放线滑车的底部绑扎1根调整绳，用以调整放线滑车预倾斜。该方式省去了运输、布置及更换压线滑车的工作，便捷高效，但对控制绳的安装位置未明确细化，现场基本直接连在滑车前端卸扣上，造成卸扣横向受力，存在安全隐患。

为解决此问题，本经验设计加工了10t特制三联板，在联板中间孔设置压线调节绳，在滑车尾部设置倾斜调节绳，两条绳索均通过手板葫芦调节。放线时可通过两处绳索将放线滑车调整到贴合主牵引机、导线受力上扬状态的倾斜角度，使其顺利通过滑车，且所有的连接工器具均受力状况良好，上扬滑车调整示意图如图3-16所示。当走板离放线滑车30m左右时，减慢放线速度，让走板平稳通过滑车，以免走板与滑车发生冲击，同时调整导线张力，使走板倾斜度与转角滑车一致，也可在导线上拴绳，控制走板的倾斜度，以保证走板顺利通过滑车，同时在走板平衡锤上拴绳，控制平衡锤不下垂与滑车联板相碰，走板通过滑车后即可加快放线速度。按此方式进行大转角塔的上扬控制，在本工程取得了很好的效果。

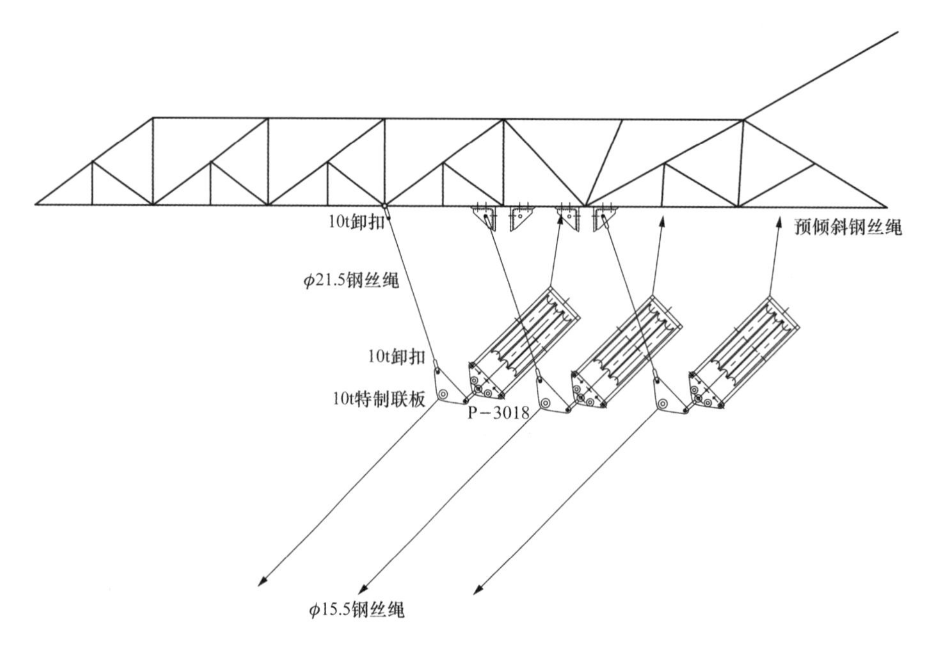

图3-16 上扬滑车调整示意图

【适用范围】

本经验适用于山区架空线路重覆冰区双联双线夹直线塔滑车悬挂、大转角耐张塔上扬控制。

【经验小结】

（1）考虑重覆冰区双联双线夹直线塔在施工期间未覆冰垂直荷载小的特点，采取在双悬垂联板上方LT型联板中部增设施工孔，并定制安装配套PT-110延长调整板及卸扣与单个悬垂联板相连的方式悬挂单滑车，从而解决常规双滑车悬挂工序烦琐且不利于弧垂控制的问题。

（2）针对目前山区大转角塔绳索上扬压线方案存在的安全风险，在放线滑车前端增设特制三联板，通过手板葫芦调节联板中间孔处的压线调节绳及滑车尾部设置的倾斜调节绳，将放线滑车调整到上扬绳索的倾斜角度，使其安全顺利通过滑车。

经验5　重要跨越双起重机抬吊法施工

【经验创新点】

特高压输电线路建设过程中需经常开展跨越施工，高速公路、铁路、高铁等跨越施工是重要的跨越内容之一，特高压跨越施工由于难度大、风险高，对跨越施工技术、施工方案提出了更高的要求，根据各个重要跨越的具体情况，可以采用多种跨越方式，合理选择跨越方式对现场施工能够起到事半功倍的效果，如何选择和验算每种跨越方式的合理性、安全性、经济性尤为重要。

本经验阐述了一种利用起重机抬吊的方法，适用于场地平整、无大高差且满足起重机进场要求的情形。跨度一般不宜超过50m，交叉跨越角一般可以不用考虑，可以横线路放线搭设。

【实施要点】

1. 施工流程

跨越施工流程如图3-17所示。

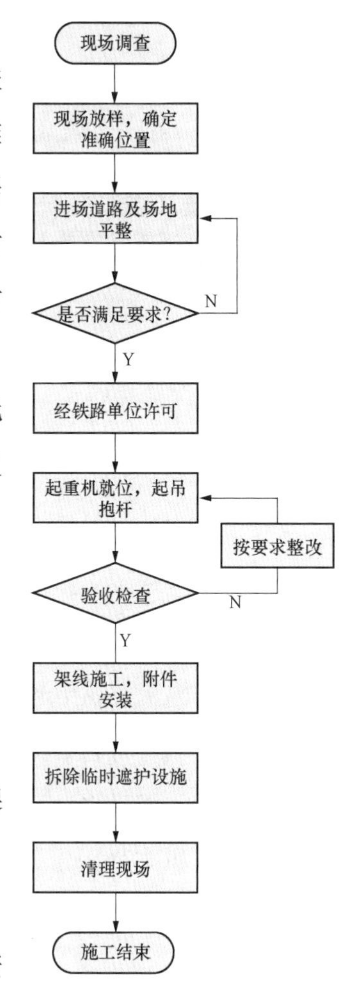

图3-17　施工流程图

2. 材料与设备

在被跨越物两侧各设置两台起重机配一根8m长单起重机翻线架作为遮断防护，起重机翻线架示意图如图3-18所示。

3. 起重机参数选定

勘查现场地形，确定吊装站位、起重机吊装高度及幅度。根据安规要求两台起重机抬吊同一构件，起重机承担的构件重量应考虑不平衡系数后且不应超过单机额定起吊重量的80%。计算起重机的吊装能力，能够确保正常及施工状态下能够保证所受力量在起重机吊装范围内。

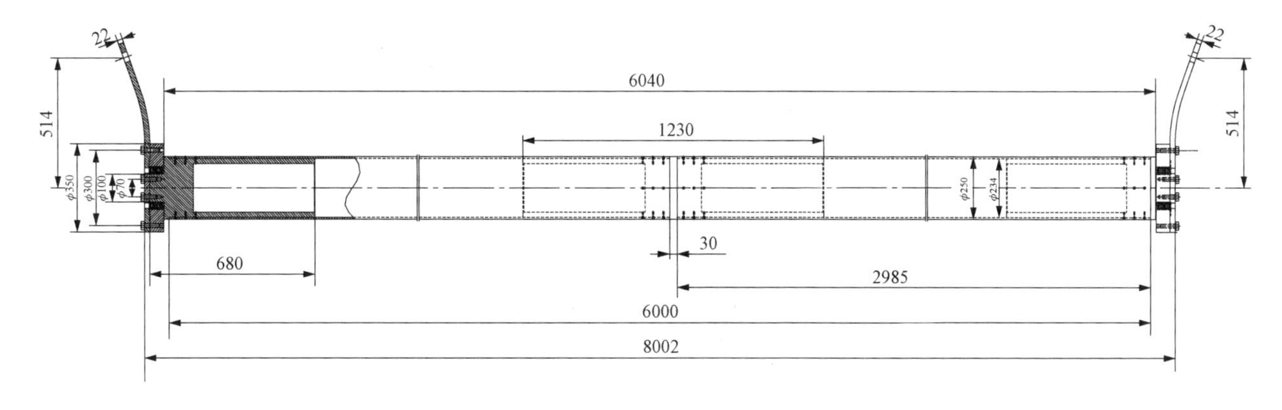

图3-18　起重机翻线架示意图

4. 操作要点

（1）实施前项目部对现场进行仔细勘查，将起重机进场道路、起重机站位、临近电力线安全警戒线等进行了仔细测量，并绘制了平面布置示意图，如图3-19所示。

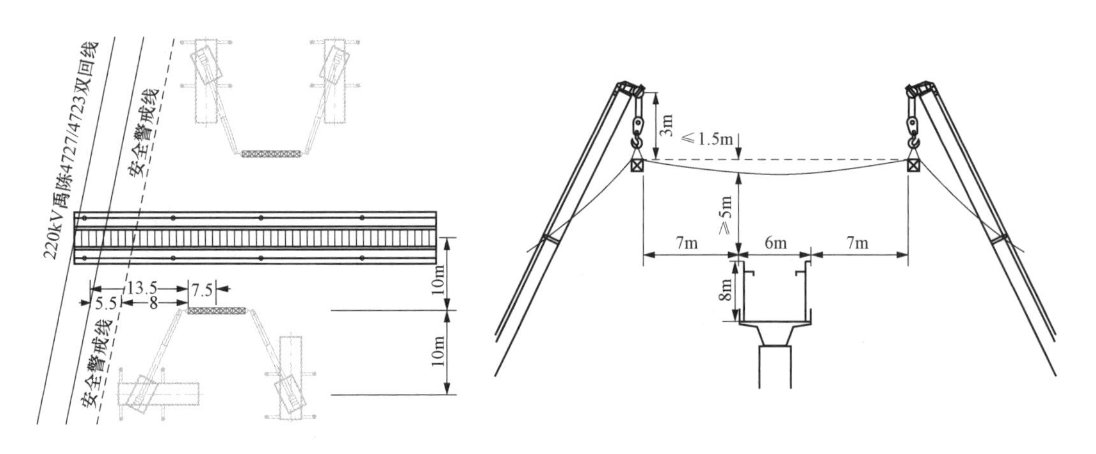

图3-19 平面布置示意图

（2）项目部技术人员根据在跨越点处高度、新建线路边导线距离等参数确定起重机型号，高铁施工还需根据现场实际情况制定夜间照明措施，综合上述情况编制了针对性的施工措施，并通过了专家评审。

（3）根据施工方案中起重机及抱杆位置，提前整平进场道路及施工场地，将主要工器具、机械设备运输入场，将起重机、翻线架、夜间施工所需照明设备布置调试好。完成后经施工队自检，项目部、监理共同验收合格后，方可进行起重机车臂升降作业。

（4）起重机支腿固定、起重机翻线架安装、固定工作完后，在各个单位的配合下用两侧各两台起重机车臂同步水平抬起起重机翻线架，调整起重机翻线架高度及正确的跨越位置；再通过多旋翼小飞机引渡牵引绳，落至两根起重机翻线架防护范围内，通过牵引绳牵引钢丝绳、钢丝绳牵引导线的方式完成导线展放、紧挂、附件作业。封锁施工结束前15min，停止导线展放作业，下降起重机车臂，回收支腿，汽车起重机撤场，清理施工现场。跨越高铁现场施工图如图3-20所示。

图3-20 跨越高铁现场施工图

【适用范围】

本经验适用于场地平整、无大高差，满足起重机进场要求，被跨越物为处于接触网停电天窗时间的铁路或高铁，跨度一般不宜超过50m，交叉跨越角一般可以不用考虑，可以横线路方向搭设。

【经验小结】

（1）用起重机搭设临时护设施，对场地要求高，现场需满足起重机进场条件，但是该方法大大降低了施工人员投入，起重机可提前进场并在预定位置就位。

（2）对每天只有约3～4h的高铁跨越施工而言，采用起重机搭设临时护设施无疑极大保证了有效施工作业时间。并在当天施工结束后将吊臂回收，不对高铁正常运行产生任何安全隐患。

（3）操作灵活机动性好，起重机遮护灵活性大、操作简单、易于控制，随时可以拆除。

（4）与常规毛竹、金属跨越架相比，施工安全可靠、效率高、经济性好。

经验6　1250mm²级大截面导线压接施工

【经验创新点】

（1）压接工艺的改进、逐模重叠距离范围确定、导线压接操作平台的研制与应用，有效降低了铝管管口导线散股、松股问题，提高了压接工艺，确保了压接管握着力和导线机械性能和电气性能。

（2）研制了压接操作平台和压接管校直器，进一步提升了压接管压接成品优良率，提高了工程优良品率。

（3）研制了耐张线夹引流柄预倾角度控制器，实现了压接过程耐张线夹引流柄预倾角度精确控制，提升了耐张塔引流线安装工艺水平。

【实施要点】

1. 关键技术

结合1250mm²级大截面导线铝钢比大、压接铝管直径、长度大及压接后铝管伸长量大等特性，为了降低导线散股、松股问题，通过反复试制、试件、总结得出压接管压接工艺。

（1）预偏。大截面导线自铝管管口向内压接时，为避免因铝管压接伸长导致压接至不压接区以及有效压接长度不足，铝管需向先施压一侧进行预偏，预偏长度通过试验确定。

（2）压接顺序。耐张线夹铝管（NY-1250/70、NY-1250/100）采用“倒压”，直线接续管铝管采用“顺压”，耐张线夹钢锚和直线接续管钢管与普通导线压接方式一致。接续管平面示意图如图3-21所示。

1）耐张线夹压接。

耐张线夹钢锚管从钢锚“不压区”标记点开始，自里向外依次逐模重叠压接，铝管从导线侧管口开始，逐模重叠压接至同侧不压区标记点，跳过“不压区”后，再从另一侧不压区标记点顺序压接至钢锚侧管口。耐张线夹压接示意图如图3-22所示。

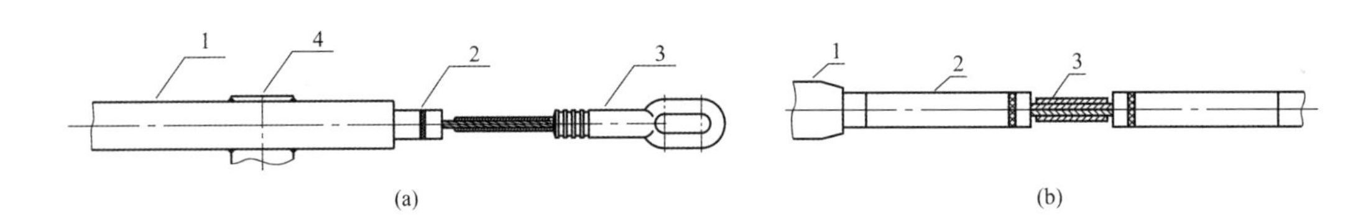

图3-21 接续管平面示意图

（a）耐张线夹；（b）直线接续管

1—铝管；2—导线；3—钢锚；4—引流板

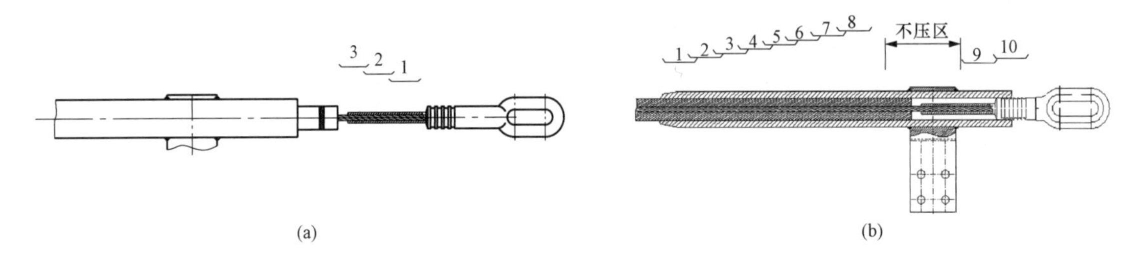

图3-22 耐张线夹压接示意图

（a）钢锚压接；（b）铝管压接

2）接续管压接。

接续管钢管从中心标记点开始，逐模重叠压接至一侧管口，再从中心位置叠模压接至另一侧管口。铝管从牵引侧管口开始，逐模压接至同侧不压区标记点，跳过“不压区”后，再从另一侧不压区标记点顺序压接至张力侧管口。接续管压接示意图如图3-23所示。

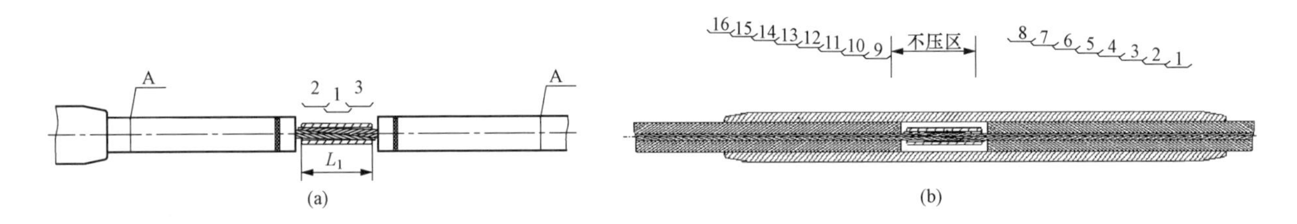

图3-23 接续管压接示意图

（a）钢锚压接；（b）铝管压接

耐张线夹和接续管压接工艺不同，但其共性是通过逐模重叠压接来降低压接管弯曲，确保接续管握着力。对其模间重叠距离的反复压接实验，得出模间重叠长度取25～40mm为宜。

2. 器具研制应用

通过压接模间重叠长度范围确定倾斜角度，虽降低了压接管成品弯曲率，但一次性优良率仍较低，需二次进行校正方可达标，加之导线分裂数较多，耐张线夹引流板倾斜角度不同，其角度控制难度大。为了确保压接优良率，减少校正次数，精准定位耐张线夹倾斜角度，研制了导线压接操作平台和预倾角度控制器。

（1）导线压接操作平台。导线接续管几何尺寸大，压接后伸长量大，压接管弯曲度超标，为了有效控制接续管弯曲度，减少二次校正，确保压接成品与保护钢甲吻合度，提高压接优良率，研制了导线压接操作平台。

导线压接操作平台由底座支架、调节螺栓、固定支架、导线滑槽、压钳滑动底座、横梁组成。压钳滑动底座由钢板卷制成，上端为开口圆柱体，在柱体四边对称布置螺栓孔，用于固定压钳。横梁由方钢做成，用于支撑压钳底座压接过程中的滑动及连接整个操作平台。固定支架为方钢做成的管内套接导线滑槽升降杆，用于调控导线、压接管、压模高度，通过调节螺栓进行固定。导线滑槽呈“U”形，内侧安装了内径大于导线直径的MC尼龙衬，用于保护导线。导线压接操作平台示意图如图3-24所示。

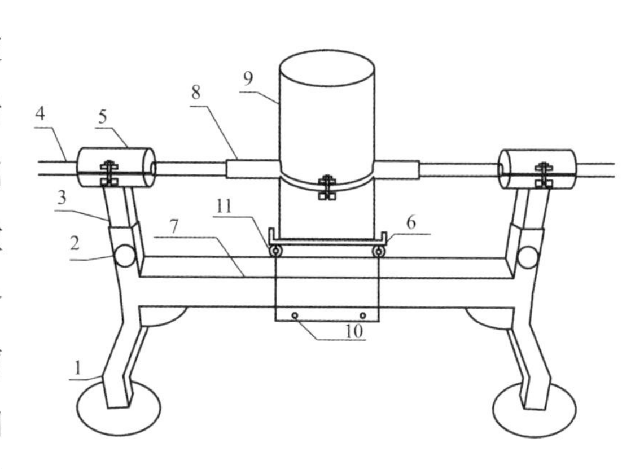

图3-24　导线压接操作平台示意图

1—底座支架；2—调节螺栓；3—固定支架；4—导线；5—导线滑槽；6—压钳滑动底座；7—横梁；8—压接管；9—液压压钳；10—压钳滑动底座固定螺栓；11—压钳滑动底座滑轮

压接前，将导线穿入压接管内，完成后按先压钢管、后压铝管顺序开始压接工作。压接时先将压接管放置在压钳压模内，后将两侧导线分别用导线滑动槽固定，确保导线、压接管、压模合模位置“三点一线”后，方可按照上述压接工艺顺序滑动压钳逐模重叠压接，直至压接完为止。

（2）压接管校直器。导线压接操作平台的研制与应用，改进了压接工具，大幅度提升了大截面导线接续管压接工艺和质量。经一个放线段7.7km接续管压接比对，优良率从原来的70.83%提高到了95.83%，剩余4.17%压接管处于合格级范围，为了确保压接管100%优良率，研制了压接管校直器。

压接管校直器主要由槽钢底座、C形支撑架、顶压组件三部分组成。底座由槽钢制成，在其上分别设置开度不同的2个长孔和2个小孔。长孔设置在槽钢底座轴线上，对称间距根据压接管长度确定，用于固定钢模，便于根据压接管规格随时更换钢模、调整模间距。小孔设置在槽钢底座两端，与其轴线垂直成90°，用于安装U形固定螺栓、固定压接管。C形支撑架下端与槽钢底座焊接连接，上端制成与传力螺杆配套的螺母，其中心与槽钢底座轴线重合。顶压组件通过C形支架固定与槽钢底座轴线垂直，由传力螺杆、加力杆、压块组成，用于对压接管弯曲部位顶压。压接管校直器如图3-25所示。

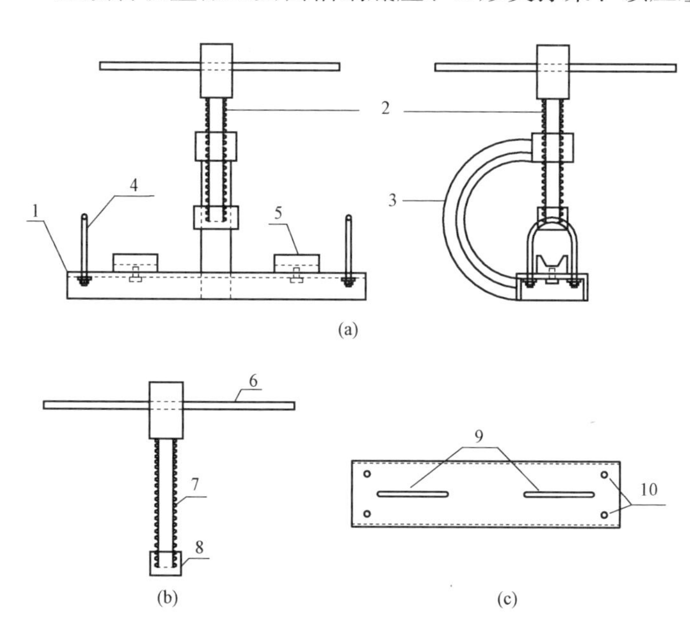

图3-25　压接管校直器

（a）平台结构图；（b）顶压组件结构图；（c）底座示意图

1—槽钢底座；2—传力螺杆；3—C形支撑架；4—U形固定螺栓；5—钢模；6—加力杆；7—传力螺杆；8—压块；9—长孔；10—小孔

校直前，根据压接管尺寸更换钢模、调整模间距，再将需校直的压接管放置在钢模处，弯曲突起部分朝向顶压组件，然后通过槽钢底座两侧U形螺栓固定压接管，待固定好后旋转顶压组件加力杆，使压块顶至压接管弯曲部分，暂停观察压接管校直位置，确保准确后继续旋转加力杆顶压，并随时观察和测量压接管弯曲部位变化。如同一个压接管需2～3个方向校正，每个方向重复上述步骤，直至压接管弯曲度达到优良级。

（3）预倾角度控制器。多分裂导线压接时，每根子线的耐张线夹引流柄倾斜角度不同，为了精准定位倾斜角度，减少倾斜角错误或偏差，做到一次性压接成功，提高耐张塔引流线的安装工艺，降低由于压接施工造成子导线间距不够、运行期间放电或风摆摩擦碰撞，研制了耐张线夹引流柄预倾角度控制器。

耐张线夹引流柄预倾角度控制器由直角钢板架体、钢锚挂环上下夹板、钢锚固定螺栓、引流柄角度控制槽和钢锚挂环控制孔组成，结构图如图3-26所示。直角钢板架体由整块钢板弯制两边互成90°夹角，水平直角边控制耐张线夹钢锚与铝管的相对穿管位置，垂直直角边固定和控制耐张线夹钢锚的位置和角度，引流柄角度控制槽距离利用，钢锚挂环控制孔中心高度由引流柄倾斜角度计算得出。根据设计引流板倾斜角度，可在控制器中设多个控制槽并标明角度，引流柄角度控制槽除0°槽设置在中性线上，其他的控制槽左右对称布置即可。

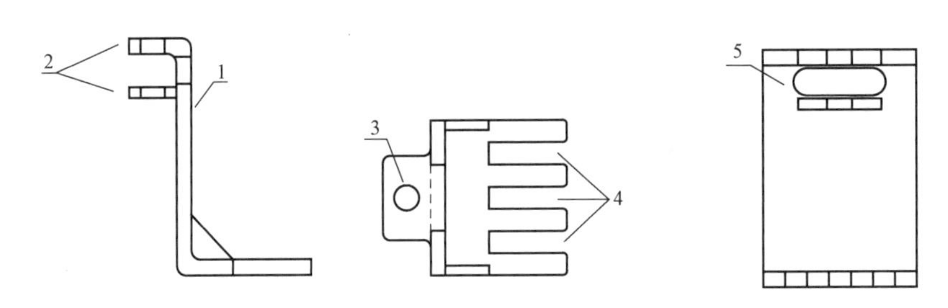

图3-26　耐张线夹引流柄预倾角度控制器结构图

1—直角钢板架体；2—钢锚挂环上下夹板；3—钢锚固定螺栓；

4—引流板角度控制槽；5—钢锚挂环控制孔

压接前，先将耐张线夹铝管穿入导线，耐张钢锚从外侧穿入钢锚挂环控制孔，用钢锚挂环上下板和钢锚固定螺栓孔固定钢锚挂环，开始压接耐张钢锚，待压接好后将铝管移至耐张引流柄预倾角度控制器位置，将其引流柄对应度数插入角度控制槽后，开始铝管压接。耐张线夹引流柄预倾角度控制器操作图如图3-27所示。重复上述步骤直至所有耐张线夹压接完为止。

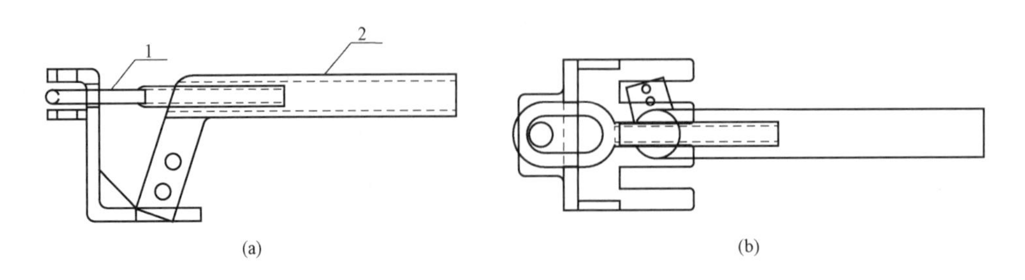

图3-27　耐张线夹引流柄预倾角度控制器操作图

（a）立体图；（b）平面图

1—耐张线夹钢锚；2—耐张线夹铝管

【适用范围】

本经验适应于特高压直流线路 1250mm²级大截面导线压接施工。

【经验小结】

1250mm²级大截面导线压接关键施工技术研究与应用，改进了压接工艺，研制了压接操作平台、耐张线夹引流柄预倾角控制器、压接管校直器，通过多条特高压输电线路工程中应用和改进，大幅度提升了大截面导线压接管压接质量和工艺，为同行业单位在大截面导线压接管压接施工方面提供参考，具有一定的指导价值。

经验 7　鼠笼式“V”形跳线安装施工

【经验创新点】

（1）优化了鼠笼式“V”形跳线安装方式，实现一次吊装即可完成跳线安装，有利于对导线的保护，提升了效率。只需要一侧采用高空压接，减少了高处作业工作量，降低安全风险。

（2）通过计算耐张线夹引流柄与鼠笼骨架的相对位置，确定引流柄定位方向，确保引流柄引出方向始终朝向跳线钢管支架一侧，引流板不承受扭力。

（3）采用耐张线夹引流柄定位控制装置，减少施工人员对耐张管引流板预倾角度控制的随意性，有效提高了耐张压接管引流板预倾角度的控制精度，可有效缩短压接时间。

（4）通过高处精调引流线弧垂等方法，使引流工艺顺畅美观。

【实施要点】

1. 耐张线夹引流板的角度计算

（1）引流板引出方向计算的必要性。交流线路鼠笼式Ⅰ形跳线，设计明确规定分裂导线上子线引流板向远离铁塔方向倾斜 30°，使上子导线引流线不碰触下子导线。鼠笼式 V 形跳线与以往Ⅰ形跳线不同，跳线钢管的位置只与塔形有关，不随转角度数变化，其位置是固定的。耐张线夹引流板与跳线钢管支架的相对位置，根据转角度数、横担长度、耐张金具串长度的不同而变化，耐张线夹引流板方向由耐张线夹与钢管支架的相对位置决定。耐张线夹引流板引出方向不正确会造成跳线对引流板形成横向拉力，一方面会造成引流板连接处导线松股，引起电晕放电；另一方面引流板长时间在横向拉力的作用下会发生变形，引流板铝材疲劳断裂，引起电网停电事故。

（2）引流板引出方向计算方法。特高压直流线路耐张塔外角跳线示意图如图 3-28 所示。图中，B 点为导线挂点，C 点为跳线钢管位置，D 点为引流板位置，AE 为跳线中心距离，AB 为导线挂点距离，

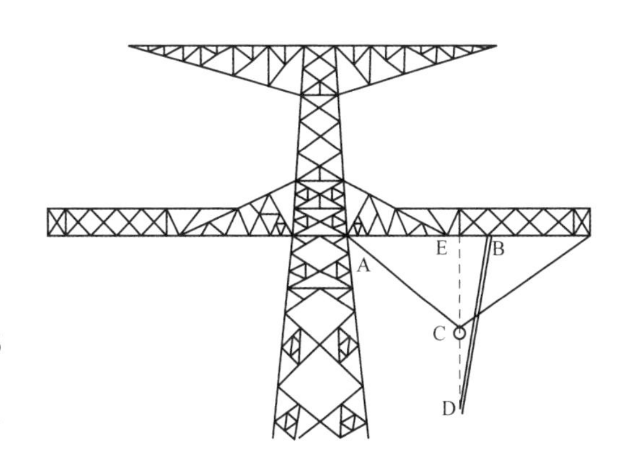

图 3-28　特高压直流线路耐张塔外角跳线示意图

BE 为导线挂点至跳线中心距离，BD 为绝缘子串总长度，则$\angle DBE=\cos^{-1}$（BE/BD），跳线钢管与耐张线夹刚好在同一位置时，则有转角度数$\alpha=180°-2\cos^{-1}$（BE/BD），此角度是决定外角引流板引出方向的临界转角度数。若实际转角度数小于或等于α，则六分裂导线上子线引流板引出方向为朝转角内角侧，否则朝转角外角侧。

同一转角塔内外角 V 形跳线串跳线钢管中心与挂点距离不一定相同，不同塔型的转角塔 V 形跳线串跳线钢管中心与挂点距离也不一致，在施工时每种塔型的内外角上子线的引出方向必须通过上述方法计算后才能确定。各塔型参数见表 3-4。

表 3-4　　各塔型参数

塔型	跳线中心距 AE（mm）	外角侧挂点距离 AB1（mm）	内角侧挂点距离 AB2（mm）	外角侧导线挂点至跳线中心距离（mm）	内角侧导线挂点至跳线中心距离（mm）
J29101CL	11128	7516	7516	3612	3612
J29102CL	11124	8038	8038	3086	3086
J29103CL	11124	10797	7797	327	3327
JC29101CL	11133	7826	7826	3307	3307
JC29104CL	11368	14900	8400	3532	2968
JC29152CL	11155	8000	8000	3155	3155
JC31201CL	13033	10031	10031	3002	3002
JC31202CL	13051	10511	10511	2540	2540

注　导线挂点至跳线中心距离，正值靠塔身，负值表示跳线中心比导线挂点靠塔外侧。

（3）引流板引出方向计算结果。各塔型耐张塔引流方向计算结果见表 3-5。

表 3-5　　各塔型耐张塔引流方向计算结果

塔型	内角临界角度（°）	外角临界角度（°）
J29101CL	9.32	9.32
J29102CL	7.98	7.98
J29103CL	0.85	8.60
JC29101CL	8.55	8.55
JC29104CL	−9.12	7.68
JC29152CL	8.16	8.16
JC31201CL	7.77	7.77
JC31202CL	6.59	6.59

根据表 3-12 计算结果，若耐张塔外角侧设计转角度数大于临界角度，六分裂导线上子导线的引流板方向朝向外角侧，反之朝向内角侧；转角塔内角侧若导线挂点比 V 形跳线串中心靠近塔身，小于等于临界角度时上子线朝内角侧，反之朝外角侧；若耐张塔内角侧 V 形跳线串中心比挂点靠近塔身，则内角侧上子线引流板引出方向全部朝外角侧。这样才能保证引流板方向始终朝向跳线钢管支架一侧，上子线引流板不承受扭力，上子线引流不扭动变形，引流线顺畅美观。

2. 鼠笼 V 形跳线安装工艺

（1）鼠笼跳线安装工艺方案比较。根据设计图纸，结合以往工程施工经验，预设了三个跳线制作工艺方案，并对各方案的优缺点进行了现场验证。

1）方案1。方案1施工流程如图3-29所示。

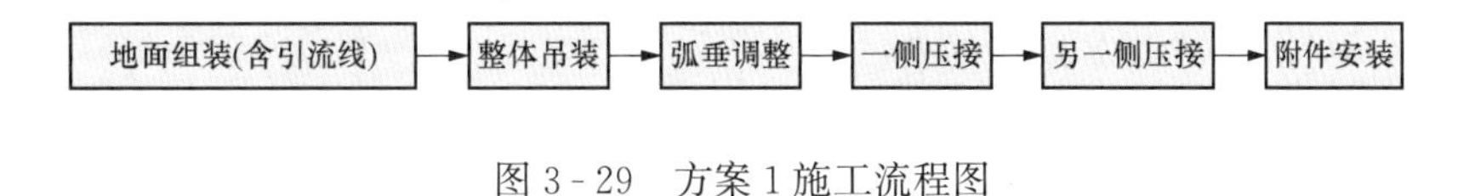

图3-29　方案1施工流程图

方案1的优点是只有一次吊装作业，引流线与跳线骨架同时在地面组装，效率高、速度快；缺点是需要两次高空压接，导线与鼠笼骨架同时起吊，容易造成引流线在鼠笼出口处散股背股。

2）方案2。方案2施工流程如图3-30所示。

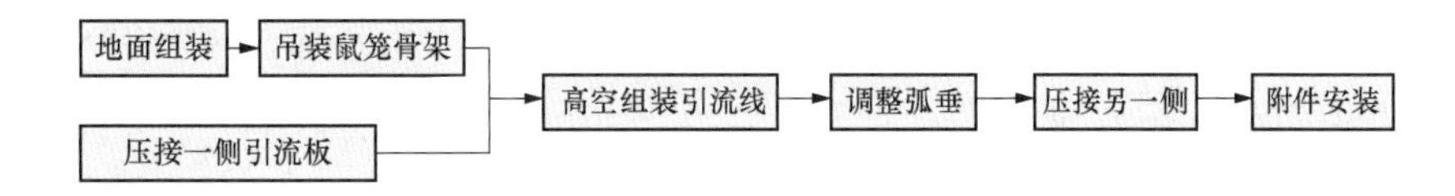

图3-30　方案2施工流程图

方案2的优点是只有一次吊装作业，只需要一侧采用高空压接，引流线单独吊装，有利于对导线的保护，引流工艺顺畅美观；缺点是引流线一侧压接好后需要在高空与钢管骨架组装，高空工作量相对较大。

3）方案3。方案3施工流程如图3-31所示。

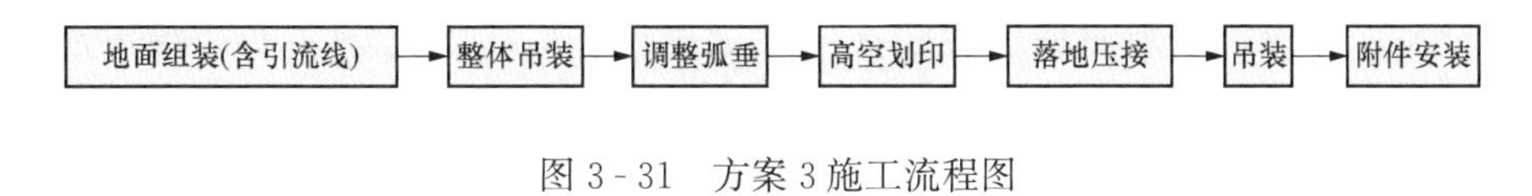

图3-31　方案3施工流程图

方案3的优点是主要工作量在地面完成，高空工作量小，相对安全；缺点是整个跳线需要吊装两次，易对引流线造成损伤，引起鼓包、散股背股等现象，不利于工程质量控制。

（2）鼠笼跳线组装。

1）组装鼠笼钢管支架。安装时将鼠笼钢管放置于水平Y形定位架（高度为600～900mm）上，拧紧法兰之间的螺母，之后安装封端盖。鼠笼钢管由2根等长端部段和1根中间段（6m）组成，根据塔形组装成10m、12m、14m等不同长度。安装时应注意各段钢管法兰盘上的对应标记，确保连接正确。

2）安装悬吊鼠笼间隔棒。在已组装好的钢管上安装悬吊跳线间隔棒，总数为7个，钢管中心位置一个，距钢管端部100mm各一个，剩余每边两个均匀分布，若遇到特殊情况彼此之间距离可稍作调节。每个间隔棒各个握爪尽可能成一直线，间隔棒与钢管支架上的连接螺栓要紧固到位，保证在起吊过程中不转动。

3）安装抱箍组件。在组装好的钢管上安装抱箍组件（悬吊装置），应注意抱箍组件和悬吊间隔棒的中心应在同一平面内，悬吊组件采用双抱箍，两个抱箍分别安装在中间段与两端部段接头法兰盘的前后侧，起到止滑作用。前后抱箍组件之间的距离为6000mm。

4）安装重锤片。重锤片按照配重分为2～4组，用穿芯螺栓和重锤抱箍均匀固定在钢管支架上。为保证钢管支架呈水平状，尽可能使配重安装在悬吊抱箍的附近，施工时如调节钢管不平，可自行在适当位置再进行调整，使钢管最终呈水平状。

3. 鼠笼跳线吊装

鼠笼V形跳线起吊过程基本与鼠笼I形边相跳线一致，但在吊装过程中需要注意以下几点：

（1）可以将绝缘子串与跳线部分分开吊装，先分别安装2串V形绝缘子串，后吊装钢管支架及组件，以减轻起吊重量，减少同时进位点。

（2）鼠笼跳线钢管支架及组件的吊装必须采用两根磨绳同时起吊，以保证起吊时钢管支架的平稳，起吊到位后先连接一侧悬吊组件，后连接另一侧悬吊组件。

（3）起吊前应根据整个起吊重量，计算选取合理的工器具，确保起吊过程安全。

（4）当采用方案1和方案3时，钢管支架及组件吊装的同时，应在大小号两侧耐张线夹处悬挂一组滑轮，用尼龙绳将引流线同时起吊至耐张线夹处，保证在起吊过程中，引流线不在鼠笼钢管支架端部下垂。

4. 其他附件安装

软线部分的跳线间隔棒采用人工高空安装，安装前必须将跳线引流板与耐张线夹引流板连接牢固，拆除所有工器具。安装时跳线间隔棒与引流线垂直。引流线不宜穿过均压屏蔽环，在安装时屏蔽环可能与导线相碰时，采用调距线夹支撑。调距线夹的调整范围为120～150mm，凡在调整范围内的均须安装引流线，安装时如调距线夹内无橡皮块，软跳线上需要安装铝包带。

【适用范围】

本经验适应于特高压输电线路鼠笼式“V”形跳线制作与安装。

【经验小结】

（1）取消设计图纸中每相分裂导线2根上子线引流板方向偏向转角外侧的规定，改为根据计算结果确定引流板方向，使引流板的引出方向更为合理。

（2）鼠笼式跳线的配重按照重量分解成2组或4组等偶数组，安装时方便均匀对称布置。

（3）适当调整软线部分跳线间隔棒的安装距离，在距离钢管支架出口、耐张线夹引流板1m处各安装1套跳线间隔棒，第3套安装在跳线中央，使软线两侧距离一致，可使引流线线束顺畅美观。

（4）采用方案3时，第一次吊装模拟划印时，暂不安装配重模块，以减小起吊重量，最终吊装时再安装配重模块。跳线落地压接时，在悬吊抱箍处拆开，只将钢管支架和引流线等硬跳装置落地压接。

（5）引流线尽量用未经牵引的新线制作，压接时采用自制的定位装置来控制耐张线夹引流板与钢锚之间的角度。

（6）鼠笼V形跳线钢管支架端部段按转角度数制作成一定的弧度，保证引流线自然弯曲，改变目前引流线在钢管端部急拐弯的现象，延长引流线寿命。

（7）跳线引流板在考虑引出方向时，应考虑内外角和大小号2种应用情况，引流板按照大小号分为A、B型，安装时根据转角方向予以区别。

经验8 高山地区导线间隔棒高空运输

【经验创新点】

施工人员在进行特高压输电线路间隔棒安装作业时，传统施工方法是通过滑轮及吊钩简易组合的方式运输间隔棒，然后根据设计要求逐个进行安装，单个间隔棒重量为10～40kg。施工人员在高空对多个较重间隔棒进行长距离运输安装作业，不仅劳动强度大，而且也增加了自身高空作业的安全风险。山区线路工程存在高差大、档距大等特点，这种传统间隔棒运输工具无刹车装置，无法保证作业人员在大高差和大档距的情况下顺利进行较大规格间隔棒安装作业，且吊钩与间隔棒连接处可靠性差，存在间隔棒运输过程中掉落的风险。

为了减轻施工人员的劳动强度，降低施工人员的高空作业安全风险，确保施工人员能在大高差和大档距的情况下安全顺利进行较大规格间隔棒安装作业，研制了带有刹车系统的导线间隔棒高空运输装置，如图3-32所示。

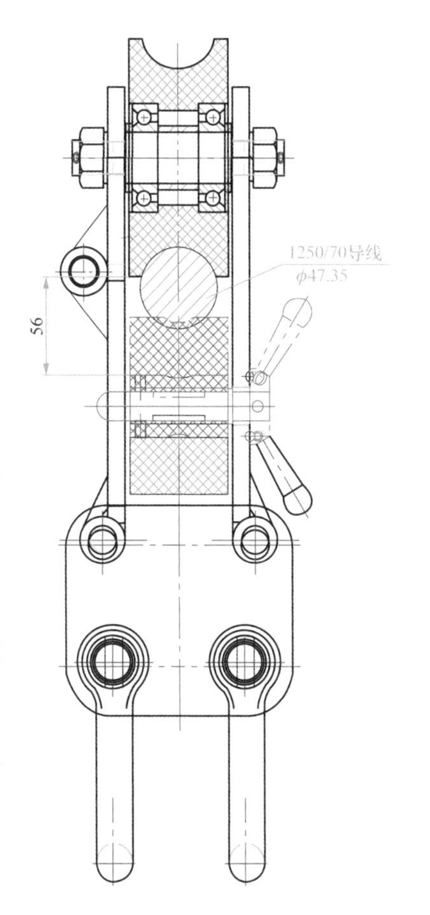

图3-32 高山地区导线间隔棒高空运输装置示意图

【实施要点】

此装置是由一个特制槽径的滑轮、刹车装置及间隔棒临时挂板组合而成。其上部为一个特制槽径的滑轮，中间是一个可控制运输装置自由行走或停止的刹车装置，下部的间隔棒临时挂板挂上卸扣即可悬挂间隔棒，各零部件均采用螺栓连接的方式，组装、拆卸方便。

运输装置安装时，先退出该工具的刹车装置，再打开左侧挡板，将工具的滑轮挂上导线，锁紧挡板，然后合上自锁装置卡住导线，将需要运输的间隔棒通过钢丝绳套和卸扣连接到下部的间隔棒临时挂板上，确保连接可靠。进行间隔棒运输时，打开刹车装置，前后推动即可，停止运输时，合上刹车装置即可。

【适用范围】

针对不同截面的导线，只需要按照导线直径定制相应的滑轮及自锁装置即可，在我国交直流特高压线路工程施工过程中，利用该导线间隔棒高空运输装置，可以解决高山地区导线间隔棒运输困难的问题，同时在平原、丘陵地带也可适用。

【经验小结】

带刹车的间隔棒运输工具构造简单，能在大高差及大档距的作业条件下根据工作需要自由停止或运动，该工具能够方便固定在导线上，进行多个间隔棒高空运输，解决了大高差、大档距所带来的间隔棒运输难题，大大降低了间隔棒运输过程中掉落的安全风险，更具稳定性、安全性和高效性。

经验9 转轴间隔棒专用安装工具的应用

【经验创新点】

为避免分裂导线间产生相互鞭击现象，降低风力振动和抑制次档距振荡的电力金具，间隔棒起着不可或缺的作用。目前特高压直流输电线路上每100km需安装约3900个间隔棒，特高压交流输电线路上每100km需安装约9000个间隔棒。普通的间隔棒安装工具通过丝杆转动传递间隔棒握紧力。在收紧过程中丝杆套筒与间隔棒之间的摩擦力随着压紧力的增大而增大，既增加了作业人员体力消耗，又降低了工作效率，并且也减少了间隔棒安装工具的使用寿命。一种新型转轴间隔棒安装工具的应用，通过增加滚动轴承，减少了挤压面的摩擦力，从而有效降低作业人员的劳动强度，大幅度提高了间隔棒安装工作效率，也延长了安装工具的使用寿命。

按照GB/T 2314—2008《电力金具通用技术条件》规范要求，导线接触金具对导线的握力，应不小于导线计算拉断力的10%，现以特高压交流工程采用的8×JL1/G1A-630/45导线为例。

$$F=\frac{\mu_1\cos\theta+\mu\cos\theta+\mu\mu_1\sin\theta-\sin\theta}{\cos\theta+\mu\sin\theta}\cdot\frac{DN}{2L}$$

式中 F——作业人员施加的回转力，N；

μ_1——套筒与间隔棒之间的滑动或滚动摩擦系数；

μ——套筒与丝杆之间的滑动摩擦系数；

θ——丝杆的螺旋升角，°；

D——丝杆的螺纹中径，cm；

N——施加到间隔棒上的夹紧力，N，按10%导线计算拉断力考虑；

L——摇杆回转力作用力臂长度，cm。

根据μ_1取值计算比较得到结论。

【实施要点】

新型转轴间隔棒安装工具主要包括摇杆、丝杆套筒、推力圆锥滚子轴承、丝杆、活动横向销，新型转轴间隔棒安装工具示意图如图3-33所示。摇杆设置在丝杆套筒上与转轴相远离的一端，沿着丝杆套筒的径向方向穿过套筒。丝杆套筒内侧有与丝杆外螺纹相匹配的内螺纹，套接在丝杆一端的外表面，推力圆锥滚子轴承套接在丝杆上，可在丝杆螺纹侧自由滑动；推力圆锥滚子轴承包括内层转轴和外层转轴，内层转轴和外层转轴的较大直径侧均面向丝杆套筒安装，内外层转轴间的滚动体采用圆锥形滚子，可有效传递径向推力。活动横向销可在丝杆径向方向转动，

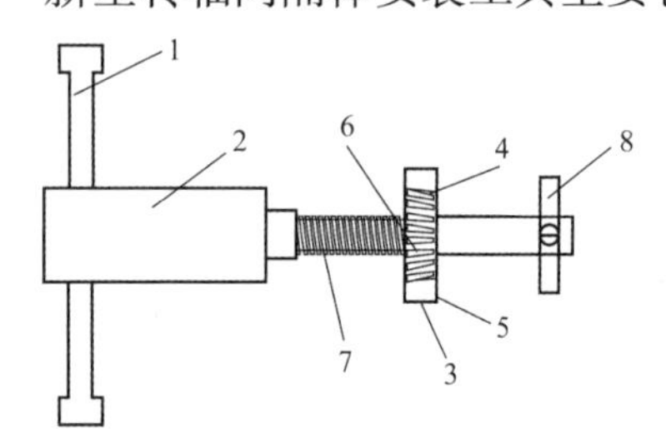

图3-33 新型转轴间隔棒安装工具示意图

1—摇杆；2—丝杆套筒；3—推力圆锥滚子轴承；4—内层转轴；5—外层转轴；6—圆锥滚子；7—丝杆；8—活动横向销

丝杆穿过间隔棒后转动活动横向销，卡住间隔棒压线夹头一侧，转动摇杆带动丝杆套筒将旋转运动转换为直线运动，推力圆锥滚子轴承将丝杆套筒的径向力传递给间隔棒压线夹头另一侧，夹紧压线夹头的过程中通过圆锥滚子轴承将滑动摩擦转换为滚动摩擦，有效降低了摩擦阻力。实现间隔棒的轻松安装。

【适用范围】

此种间隔棒安装工具轻便，可以大大降低高空作业人员的体力，对于特高压交直流工程安装大量间隔棒非常适用。

【经验小结】

新型转轴间隔棒安装工具较传统间隔棒安装工具，可节省约1/4的力。面对特高压线路分裂子导线多、间隔棒安装数量大，采用新型转轴间隔棒安装工具能有效降低作业人员劳动强度、提高作业效率。尤其适合特高压分裂导线多的线路。工具采用推力圆锥滚子轴承，在大幅降低摩擦阻力的同时，既能有效传递轴向推力，又能承受一定的径向压力，提高了安装工具的稳定性和可靠性，解决了常规间隔棒安装工具摩擦阻力大、操作人员费时费力的问题，同时也避免了因摩擦受损致使工器具提前失效，延长施工工具的使用寿命。

经验10　六分裂大截面导线弛度观测及子导线微调

【经验创新点】

±800kV特高压架空输电线路导线截面大、重量重，部分耐张段距离长、线档数量多，由于放线滑轮各轮槽的摩阻系数不尽相同，很难在紧线场使用机动绞磨、手扳葫芦将每个档子导线弧垂调平。

现对无法调平子导线直线档的近紧线侧直线塔放线滑轮的6根子导线安装6线卡线木夹。6线卡线木夹有6个卡线槽，每个卡线槽可通过邻近的螺栓调节松紧，6线卡木夹结构简图如图3-34所示。初安装卡线木夹时，将各调节螺栓拧松，若某子导线弧垂满足设计及规范要求，则将其卡线槽邻近的螺栓拧紧。用钢丝绳套、1.5t手扳葫芦、导线卡线器连接七轮放线滑车墙板与需调整的子导线，收紧手扳葫芦，将子导线弧垂微调至设计值，将此根子导线木夹线槽旁的螺栓拧紧，松出手扳葫芦，再微调下一根子导线的弧垂，直至将同相（极）所有子导线弧垂微调至设计值且在同一水平面内。

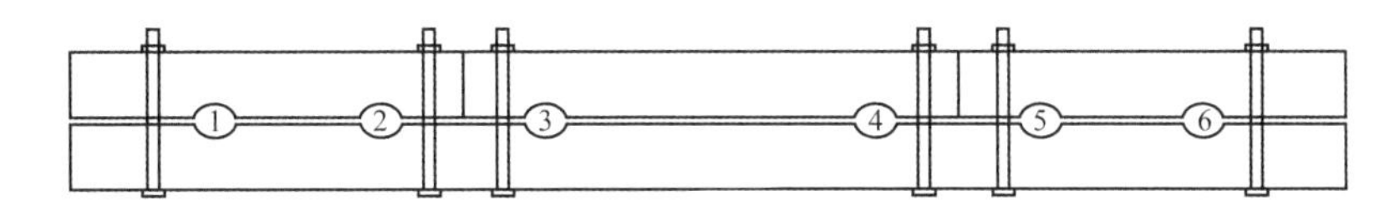

图3-34　6线卡线木夹结构简图

【实施要点】

观测导线弧垂应携带室外温度计，室外温度计应悬挂在阴凉通风处，且避免被阳光直射。以各观测档和紧线场温度的平均值为观测温度，在弧垂表中查询该观测温度对应的弧垂值，作为观测弧垂值。

1. 弧垂观测档选取方法

（1）观测档位置应分布均匀，相邻两观测档相距不宜超过4个线档。

（2）观测档具有代表性，如连续倾斜档的高处和低处、较高悬挂点的前后两侧、相邻紧线段的接合处、重要被跨越物附近应设观测档。

（3）宜选档距较大、悬挂点高差较小的线档作观测档。

（4）宜选对邻近线档监测范围较大的塔号作观测档。

（5）不宜选择邻近转角塔的线当作为观测档。

（6）当选择邻近耐张塔线档作为导线弧垂观测档时，应考虑耐张绝缘串重量及线档内外角侧不同相导线挂点间距与设计档距不一致因素，对导线弧垂产生影响。

（7）选择与耐张段代表档距相近的线档作为观测档。

2. 在紧线场用机动绞磨粗调导线弧垂

（1）用2台绞磨同时收紧同相（极）的2号、5号子导线（上线），调整距紧线场最远的观测档弧垂，使其合格或略小于要求弧垂（误差不超过要求弧垂的2.5%）；同时放松2号、5号子导线，调整距紧线场次远的观测档的弧垂，使其合格或略大于要求弧垂（误差不超过200mm）；再收紧，使较近的观测档合格，依此类推，直至全部观测档调整完毕。依次用该法调整各观测档1号、6号子导线（中线）和3号、4号子导线（下线）的弧垂。每个观测档同时粗调2根子导线弧垂时，均应尽量将本观测档和前后非观测档的此2根子导线弧垂调平；若无法调平，子导线间弧垂误差不得超过150mm。

（2）由于耐张绝缘子串受力变化的原因，首先粗调合格的2号、5号子导线弧垂会增大，越靠近紧线场的观测档弧垂增大越明显。复测各观测档的2号、5号子导线弧垂，若任一观测档弧垂比要求弧垂大300mm以上，则需在紧线场再次用绞磨调整2号、5号子导线弧垂至合格或与要求弧垂误差不超过200mm。

（3）对远离紧线场的观测档及非观测档同相（极）子导线间弧垂偏差大于50mm的弧垂，在需调整档的紧线侧直线塔放线滑车处使用钢丝绳套、1.5t手扳葫芦、导线卡线器拉动子导线，使同相（极）子导线弧垂最低点在同一水平面内或线间弧垂偏差不大于30mm，一般将较大档距档的同相（极）子导线弧垂调平后，邻近小档距档的同相（极）子导线弧垂也自然平整。

1）首先对距紧线场最远的有子导线弧垂不平情况的观测档或档距较大档进行微调。高空将6线卡线木夹安装在7轮放线滑车的紧线侧1m左右的导线上，卡线木夹的6颗螺栓均不拧紧。由于6线卡线木夹卡1号、2号线槽，3号、4号线槽，5号、6号线槽各由2颗螺栓紧固卡线，故宜按此顺序每次微调相应的2根子导线。

2）以弧垂合格的子导线为基准（考虑架空导线经过较长时间会产生伸长，一般以弧垂较小的子导线为基准），假设该基准子导线为2号线，先调整与其共用2颗卡线螺栓的相邻子导线（即1

号线）。若观测档1号线弧垂最低点比2号线低，高空将导线卡线器卡在放线滑车调整挡侧的1号线合适位置，卡线器通过1.5t手扳葫芦、1m长钢丝绳套与放线滑车墙板连接，收紧手扳葫芦使1号线往紧线侧窜动，直至1号线的弧垂最低点与2号线在同一水平面上。若观测档1号线弧垂最低点比2号线高，将导线卡线器卡在放线滑车紧线侧的1号线合适位置，卡线器通过1.5t手扳葫芦、1m长钢丝绳套与放线滑车墙板连接，收紧手扳葫芦使1号线往观测档窜动直至1号线的弧垂最低点与2号线在同一水平面上。将1号、2号线调平后，将其两侧的卡线木夹螺栓拧紧，松出微调手扳葫芦。用同样的方法将剩余4根子导线与1号、2号线调平，不同点是将3号线与1号、2号线调平后，先将其邻近的卡线木夹螺栓拧紧，松出手扳葫芦；再将4号线与1号、2号、3号线调平后，将其邻近的卡线木夹螺栓拧紧，松出手扳葫芦。依照同样方法将5号、6号线与1号、2号、3号、4号线调平。同相（极）6根子导线弧垂调整合格且在同一水平面上后，比对导线悬垂挂点对6根子导线画印。

3）再依此方法调整距紧线场由远到近的有子导线弧垂不平情况的观测档或档距较大档。当调整距紧线场较近的观测档或档距较大档时，在紧线场用锚线手扳葫芦对子导线弧垂进行微调平整。注意紧线场耐张塔—直线搭档6根子导线不应调平，应将相邻观测档或较大档6根子导线调平，紧线场耐张塔—直线塔挡的上线（2号、5号线）、中线（1号、6号线）、下线（3号、4号线）在弧垂最低点处会自然分开，上线比中线略高200mm，中线比下线略高200mm，只需在紧线耐张塔用手扳葫芦将上、中、下子导线分别调平即可。耐张段内所有档子导线弧垂均调整合格后，在紧线耐张塔对6根子导线比对钢锚画印。

【适用范围】

本弛度观测及子导线微调方法适用于6分裂导线架空线路工程中悬挂7轮放线滑车的含多观测档的长耐张段导线弧垂测控。将本弛度观测及子导线微调方法中的6线卡线木夹替换为2线卡线木夹、4线卡线木夹，本弛度观测及子导线微调方法同样适用于2分裂、4分裂导线架空线路工程中悬挂3轮放线滑车、5轮放线滑车的含多观测档的长耐张段导线弧垂测控。

【经验小结】

含多观测档的长耐张段由于各放线滑车的每个滑轮摩阻系数不尽相同，很难在紧线场通过机动绞磨、手扳葫芦将各档子导线弧垂调平。本经验在紧线场通过机动绞磨将各观测档子导线弧垂粗调至合格，将子导线弧垂尽量调平。在直线塔放线滑车处用钢丝绳套、1.5t手扳葫芦、导线卡线器拉动需微调的子导线使其与基准子导线在弧垂最低点相平，用卡线木夹对调整好的子导线卡线，比对导线悬垂挂点对各子导线画印。从距紧线场最远的需微调子导线弧垂的观测档或较大档至距紧线场较近的需微调子导线弧垂的观测档或较大档依此方法将各档的每相（极）子导线弧垂调平，并在调线处直线塔放线滑车处比对导线悬垂挂点对各子导线画印。在紧线场用锚线手扳葫芦将距紧线场最近的观测档或较大档（直线档）子导线弧垂调平，在紧线耐张塔对6根子导线比对钢锚画印。

经验11　全站仪及无人机搭载北斗高精度定位装置在导线弧垂观测中的应用

【经验创新点】

（1）实现了无人机搭载挂具设计。通过无人机搭载挂具设计，实现了无人机搭载北斗高精度弧垂测量机器人自动挂接到需要测量的导线上，无需人工登高作业，在地面远程操控无人机即可完成，减少了高空作业风险。

（2）实现北斗卫星高精度弧垂测量。采用高精度卫星定位技术，将位置探头加装至可以沿高空导线行进的远程无线遥控小车，并采用数据采集与记录技术来获得高空导线的三维空间数据，然后采用软件算法对数据进行处理，获得导线的弧垂数据。

（3）实现弧垂的自动检测。克服人工经纬仪观测的缺陷和不足，具有通视要求低、作业距离长、无累计误差等优势，能有效应对大雾、夜间等人工无法作业的场合。

（4）解决了传统经纬仪测弧垂受地形限制的问题。传统经纬仪由于无法直接测距离，必须采用当端法等方式进行测量，而且受地形、高差影响，最低点可能无法观测。采用免棱镜全站仪，只需站在线路外侧，使用全站仪的测距功能，配合开发的计算软件，能够迅速测量弧垂，无需爬到山顶塔基上测量，不受地形限制，可以驱车在路边测量，大大提高了弧垂测量速度。

【实施要点】

（1）无人机搭载平台。根据项目环境需求，选用四旋翼无人机作为航空物探无人机的搭载平台，无人机搭载平台在结构上采用刚性轴对称的十字交叉架构，四个独立控制带有螺旋桨的电机分别固定在悬臂的四个顶点上，其他控制、测量等模块置于装置中间。无人机搭载平台在飞行空间内有六个自由维度和四个输入量。六个自由维度是指包含重心的沿绕三个轴向的转动和三个轴向的线运动，四个输入量指对四个旋翼对应的四个电机控制量。无人机搭载平台的运动简化模型如图3-35所示。

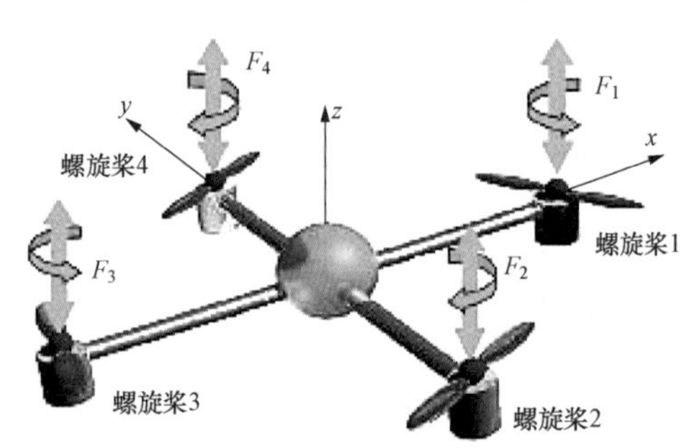

图3-35　无人机搭载平台的运动简化模型

采用机械式挂载连接方式，是一种操作便捷、连接稳定的无人机挂载装置，用以通过无人机与目标物体之间的自动挂载和释放，实现目标物体的远距离投放和回收。无人机端包括固定部、连接部和锁紧杆，连接部的一端通过固定部设置于所述无人机的底部，另一端连接于所述锁紧杆的顶部，以带动所述锁紧杆随所述无人机移动。挂载物端包括锁紧腔和锁紧开关，锁紧腔顶部设置有与锁紧杆相匹配的锁口，锁紧开关可在锁紧杆通过锁口探入所述锁紧腔的内部后，卡固或释放所述锁紧杆。

（2）北斗高精度定位弧垂检测装置。北斗高精度弧垂检测功能集成于一台自行走小车，如图3-36所示，小车结构由驱动总成、通信天线、定位系统天线、定位系统接收机等组成。小车在导线上行走采用直流无刷电机驱动，车体内锂电池提供动力。

地面控制器与空中移动小车通过无线的通信方式进行指令与数据交互，并实时获取检测结果。地面控制器使用工业型手持平板电脑，并采用了虚拟仪器开发工具，如图 3-37 所示。地面控制器界面简洁美观、操作快捷方便、功能丰富、运行安全可靠。软件运行于 Windows 操作系统，集成在桌面中，能够在同一软件环境下有效进行所有控制、监控和分析任务。

图 3-36　北斗高精度弧垂检测自行走小车

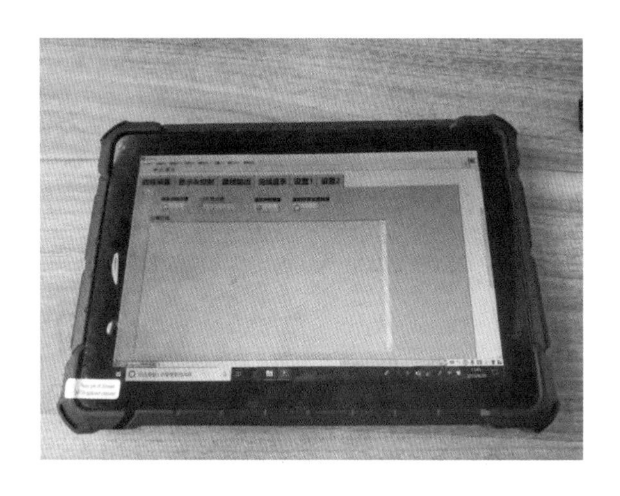

图 3-37　地面控制器

检测结果通过软件系统可以生成相关的显示信息和数据文件，方便操作人员进行分析、管理与故障判断并及时对异常情况进行报警以及控制空中移动站执行相关任务，以实现事故预防与应急处理。自行走小车测量弧垂现场应用如图 3-38 所示。

图 3-38　自行走小车测量弧垂现场应用

（3）采用全站仪实现档外侧进行弧垂观测。弧垂、张力、弧长测量是依据抛物线中心点法，中心点法是根据空间三点确定一条抛物线，计算两侧挂点连线中点垂线向下与弧线的交点的距离，中心点测弧垂法原理图如图 3-39 所示。在弧垂相关测量菜单界面点击“弧垂、张力、弧长测量”进入相应的测量界面。

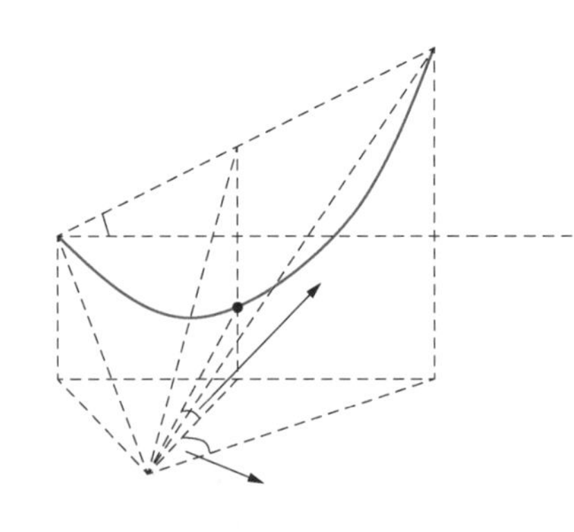

图3-39 中心点测弧垂法原理图

瞄准弛度测量档两端铁塔挂点A、B，测得这两点坐标，首先旋转全站仪瞄准第一个点，测量成功后该点的三维坐标和距离、角度等信息显示在相应的文本框中，同样方法测量第二个点，即另外一侧的挂点，测量挂点A、B两点坐标如图3-40所示。

两个挂点测量完成后，界面单击“取中”按钮，界面中△HA文本框中会出现全站仪应水平转动的角度，此时旋转全站仪使该文本框中的值大致为零，然后旋紧水平制动旋钮，调节水平微动旋钮，使之精确在0值附近，如图3-41所示。

点击“停止”按钮准备测量中心点，旋动望远镜竖直度盘，精确瞄准电力线上对应的点，该点即为中心点，测量该点，测量完成后点击“确定”按钮则弧垂距将显示在对应的文本框中，导线弧垂计算如图3-42所示。

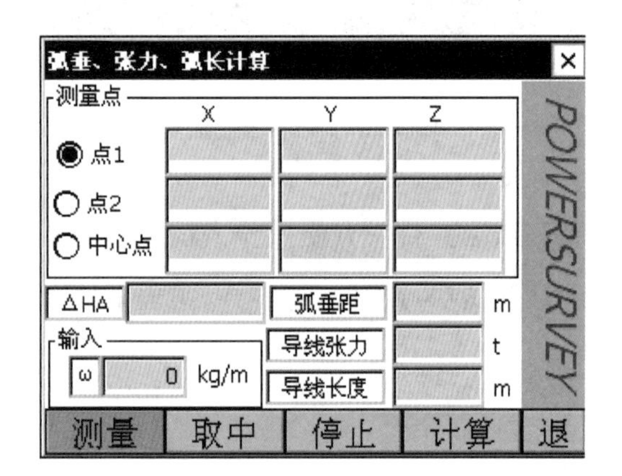

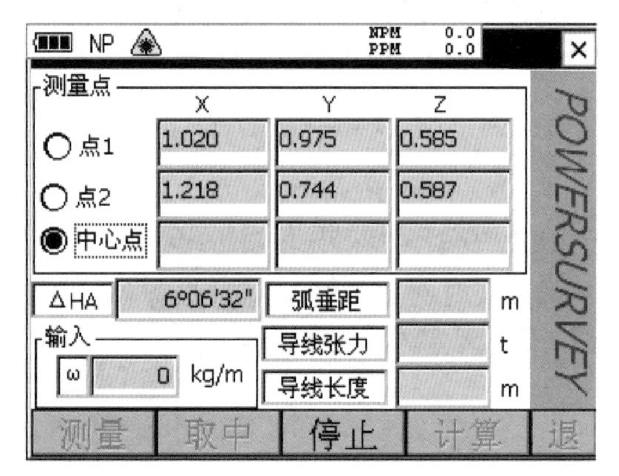

图3-40 测量挂点A、B两点坐标

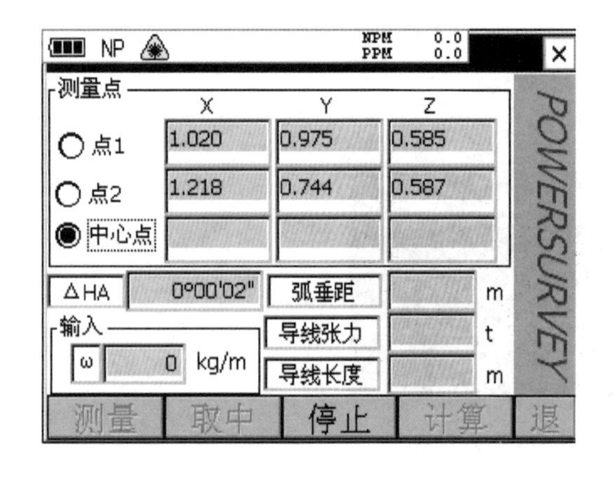

图3-41 微调至中心点后△HA在0值附近

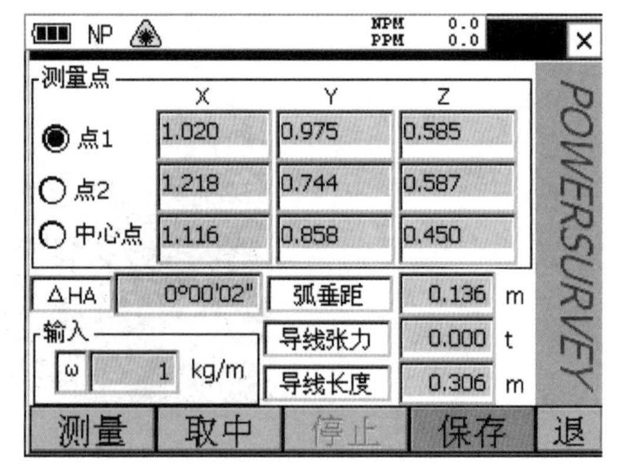

图3-42 导线弧垂计算

【适用范围】

本设备适用于平地、丘陵及山区环境下。无人机搭载北斗高精度定位弧垂测量装置需要在无人机能够飞行的区域，全站仪测弧垂需要站在可以观测到观测档两侧挂点和导线中心点的位置。

【经验小结】

无人机搭载的北斗高精度弧垂检测能实现弧垂的自动化检测，在人机界面上实时汇报当前导线的弧垂，更重要的是通过无人机实现了减少高空作业的功能，用无人机代替高空作业人员安装弧垂检测装置，在架线施工及质量控制环节实现“机器换人”、完成对弧垂指标的严格管控，并推动架线施工技术向高精度、自动化、智能化方向发展。对于施工单位，可应用该成果以节约成本，提高施工的效率及可靠性；对于监管和监理单位，可应用该成果来对输电线路施工过程开展客观准确的评价，确保施工质量。

全站仪测弧垂装置，在送变电施工中测量工作量大且非常重要，随着测量设备技术的进步，传统测量方法有变革的迫切需求。利用免棱镜全站仪的免棱镜方式和编程的功能，结合线路常见测量工况，编制专用机载软件，使之成为一种送变电施工专用的装备，在测量弧垂方面，可直接驱车到塔位观测档附件，只需单人操作完成测量任务，直接输出原本需要多次计算的复杂数据的测量设备。减少了山区测量攀登到山顶桩号的路程，全程无需人员配合，可以大幅提高弧垂检测效率。

经验 12　大跨越交直流混压段“2×二牵三”张力放线施工技术

【经验创新点】

近年来，随着我国输电线路建设规模的持续增长，各地电力通道日趋紧张。“十四五”期间，我国将规划建设特高压工程“24 交 14 直”，线路路径跨江越河难以避免。在此背景下，提高新建大跨越工程的利用效率势在必行，近两年已经出现了直流特、超高压同塔架设的先例。交直流混压同塔架设方案是未来大跨越工程的发展趋势，而交直流混压意味着线路回数多、导线数量大，常规架线方案需要更多的封航次数，从而造成不必要的风险与经济损失，同时也无法满足工期要求。

某大跨越工程为了预留未来过江通道，采用国内首创的±800kV/500kV 混压同塔架设设计，跨越塔呼高 280m，全高 345m；跨越方式为“耐 - 直 - 直 - 耐”，档距分布为 603m - 2354m - 543m，档内导地线共计 38 根，常规架线方案无法满足封航及工期要求。

【实施要点】

(1) 牵引过江设备选用。初级牵引绳过江的牵引设备选用方面，除已被淘汰的飞艇、动力伞等方式外，可供选择的设备无非直升机及牵引拖船两种。虽然直升机牵引过江具有无需封航的优势，但经过前期多次勘察研究，发现该方式不能满足实际需求。首先，由于该工程跨越档距过大，加上风载影响，需要选择加装多级重锤大机型直升机，而机型越大，操纵性越差，难以满足施工需求。其次，直升机受不良气象条件影响较大，复杂环境下执行任务风险过高。权衡利弊，最后选择了牵引船过江方式。

牵引船牵引过江技术已十分成熟，具有操作简便、安全性高等优势。同时通过张力机施加张力、合理选择过江绳索（迪尼玛绳）等方式确保其不会落水，以提高安全性，牵引船牵引过江绳索如图3-43所示。

图3-43 牵引船牵引过江绳索

（2）张力架线总体方案。在以往工程中，±800kV六分裂导线常采用“二牵三”放线工艺。每次封航展放2根主牵引绳。下一次封航时，利用导线牵张设备展放3根导线，主牵牵张设备展放后续的2根主牵引绳。

此种方法所需牵张设备少，场地面积小，同时便于回收牵引绳索。但利用此种方法展放一相导线需要两次封航，对于该工程来说，整个架线施工需要封航20次，无论是从经济角度还是安全角度来看都无法接受。

为充分利用单次封航时间，综合考虑工程实际情况，±800kV六分裂导线采用“2×二牵三”放线施工工艺，500kV四分裂导线采用“4×一牵一”放线施工工艺，主牵采用□28牵引绳（□代表多边形截面防扭钢丝绳）。两相光缆均采用“一牵一”放线方式，牵引绳采用□24牵引绳＋ϕ 24迪尼玛绳。

500kV导线展放采用“4×一牵一”方式，可避免走板过滑车时可能出现的跳槽状况，同时放线过程中每根子导线弧垂可单独调控并错开一定距离，大大减少了绞线风险，便于现场施工，因此选用此方式。

根据跨越点处岸堤地形、水深、水底地形等情况，考虑牵引船能否直接靠岸，若条件不允许，则设置趸船作为停靠点。

（3）放线滑车设置。该工程跨越塔每相悬挂4只五轮滑车（前后各2只）。对于±800kV导线，每个滑车均采用2根□28主牵引绳同时牵引3根导线；对于500kV导线，每个滑车均采用4根□28主牵引绳同时牵引4根导线。跨塔设置复式光缆滑车，锚塔设置单轮光缆滑车。

放线时导线不上北锚塔，故北锚塔仅悬挂光缆滑车。南锚塔500kV导线横担每相悬挂4只平行单轮钢质滑车，±800kV 挂点不悬挂滑车，其导线利用 500kV 上横担滑车展放。南锚塔滑车仅用于过主牵，导线临近滑车时在高空锚固。

跨越塔设置有前后双滑车。为保持每相线四组放线滑车架线在施工中保持相对稳定，滑车均悬挂在相应导线悬垂串放线滑车悬挂连梁（挂架）上，并通过直角挂板连接，前后侧滑车挂架之间采用角钢及法兰连接，±800kV 跨越塔放线滑车连接示意图如图 3-44 所示。

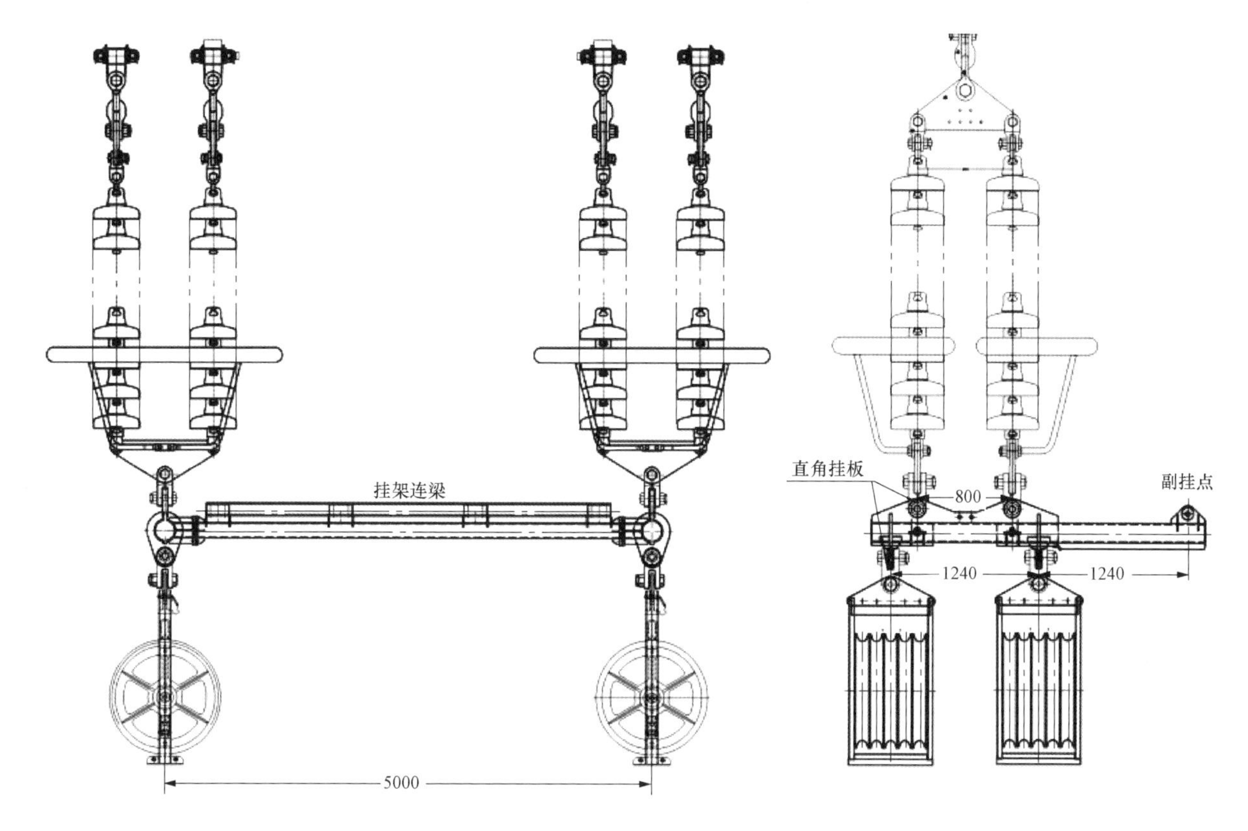

图 3-44　±800kV 跨越塔放线滑车连接示意图

（4）牵张设备选型及场地布置。根据±800kV 的“2×二牵三”和 500kV 的“4×一牵一”架线方案，展放单相导线需要 4 台牵引机、5 台张力机（其中 4 台 SAZ-90×2 张力机并轮，1 台 B1700/13×2 张力机非并轮使用），展放单相主牵引绳需要 4 台牵引机、3 台张力机（其中 2 台 SAZ-90×2 张力机并轮，1 台 B1700/13×2 张力机非并轮使用），共计 18 台牵张机。

该工程选择北锚塔作为张力场，南锚塔作为牵引场。张力场、牵引场共布置两套设备。牵引场布置相对简单，但对于张力场来说，共设置有 4 个放线位置，张力场实景如图 3-45 所示。在展放各相导线及主牵引绳时，需将张力设备移动至相应位置。外侧两个位置设置 5 台张力机，负责±800kV及 500kV 下外相导线展放任务；内侧两个位置设置 3 台张力机，负责 500kV 中相及下内相导线展放工作。在实际施工中，内侧两个位置可以合并。

（5）架线施工。为使先展放的导线及主牵引绳不会对后续相位的架线产生影响，考虑河道上下游关系，应根据“先光缆、后导线”“先右相（上游）、后左相（下游）”“先上相、后下相”的原则合理安排大跨越放线施工顺序。

该架线方式不能实现主牵引绳的来回牵引，因此需提前准备导线盘，在张力场将□28 主牵引绳

图3-45 张力场实景

与φ24迪尼玛绳盘在一起，在迪尼玛展放过江后，单独成盘，利用牵引船送回张力场，提前悬挂于下一相，□28主牵引绳牵引至牵引机后成盘，利用汽车运输回张力场，用于展放下一相导线。

以±800kV每相展放4根牵引绳为例，先展放牵引场至南岸江边4根□24牵引绳，使其分别通过南跨塔放线滑车，一端锚在江边趸船上，另一端分别与牵引场引出的□24主牵引绳相连；展放张力场至北岸江边φ13杜邦丝，再用绞磨将杜邦丝拖放换成φ24迪尼玛绳，一端锚在北岸江边桩锚上准备过江，另一端上至张力场张力机用于展放□28主牵引绳。

两艘牵引船分别自北岸牵引φ24迪尼玛绳（连同□28主牵引绳）过江到南岸附近趸船泊位，与趸船上的□24牵引绳对接升空（在一根牵引绳升空后，另一艘船再开出）。牵引机继续牵引□24牵引绳＋φ24迪尼玛绳展放□28主牵引绳，直至将牵引绳全部替换为□28主牵引绳。按上述方法展放4根□28主牵引绳后，在下一次封航采用“2×二牵三”的方式一次展放6根导线，同时完成下一相导线展放所用的4根主牵引绳展放任务，如此完成所有导线的展放。趸船需安装压线升空装置，趸船对接升空如图3-46所示。

图3-46 趸船对接升空

【适用范围】

本经验适用于采用交直流混压设计的大跨越段张力架线施工，可有效提高大跨越段导地线展放施工效率，减少封航次数。

【经验小结】

针对国内首次采用±800kV单回直流及下挂500kV双回交流混压设计的大跨越工程，经过方案对比研究，结合工程实际及跨越处水文情况，分别针对±800kV直流及500kV交流采用“2×二牵三”及“4×一牵一”总体放线施工工艺，通过对放线滑车设置、牵张设备选型及场地布置、牵引绳索及船只配置等方面进行改进优化，有效减少了封航次数及施工工期，以满足工程要求。

经工程实际验证，在保证工程质量的基础上，利用此技术大幅提高了交直流混压大跨越段的导地线展放施工效率，提前完成了全部施工任务。此技术对于当前新形势下大跨越段架线施工的总体效率提升有重要意义。

经验13　跨越高速铁路夜间施工照明系统应用

【经验创新点】

目前特高压工程在夜间跨越高铁施工的情况较为常见，其安全风险较高。以南阳—荆门—长沙1000kV特高压交流工程线路工程施工5标段跨越高速铁路架线施工为例，本经验提出了详细的夜间照明施工方法，并根据跨越段实际情况合理地布置了夜间照明系统。整个跨越施工验证了照明系统的可靠性，为其他工程夜间跨越铁路施工提供参考。

【实施要点】

（1）施工照明由专业小组负责布置、维护与管理，所有照明设备在封网施工前完成安装、调试。施工前2天对照明进行调试和预演。同时跨越期间安排专人对照明设施进行管理与维护，确保照明设备的可靠运行。

（2）整个放线区段共设置38盏200W的LED投光照明灯，用于施工场地和跨越点的照明，另外备用6盏作为调整或更换使用。

（3）现场配置2名专业电工，确保各场地照明系统正常运作，各场地全部采用独立的220V供电系统，现场配置备用汽油发电机，用于当临时跨越时的照明应急措施，配置备用通信设备以保证通信畅通。

（4）配置多功能巡检防爆手电筒30个，高亮度固态免维护光源，光效高、照射距离远，适用于线路看护。

（5）配置手提式防爆探照灯20个，特制高色温灯泡寿命长、耗能少、聚光柔和；强光光通量10 000lm，射程达600m，适用于现场指挥人员、安全质量监督巡查人员使用。

（6）配置微型防爆头灯40个，具有工作光、强光两种光源，通过按压按钮可进行自由转换，适用于一线施工高空作业人员塔上作业监护走板等，可佩戴在安全帽上，方便实用。

跨越高速铁路夜间施工照明布置图如图3-47所示。

【适用范围】

适用于输变电工程夜间施工跨越高速铁路等情况。

【经验小结】

跨越高铁夜间照明系统提高了夜间放线施工作业的安全性和可靠性，保证了施工顺利进行。周密可靠的照明系统可以在输变电跨越高铁夜间施工中被采用借鉴。

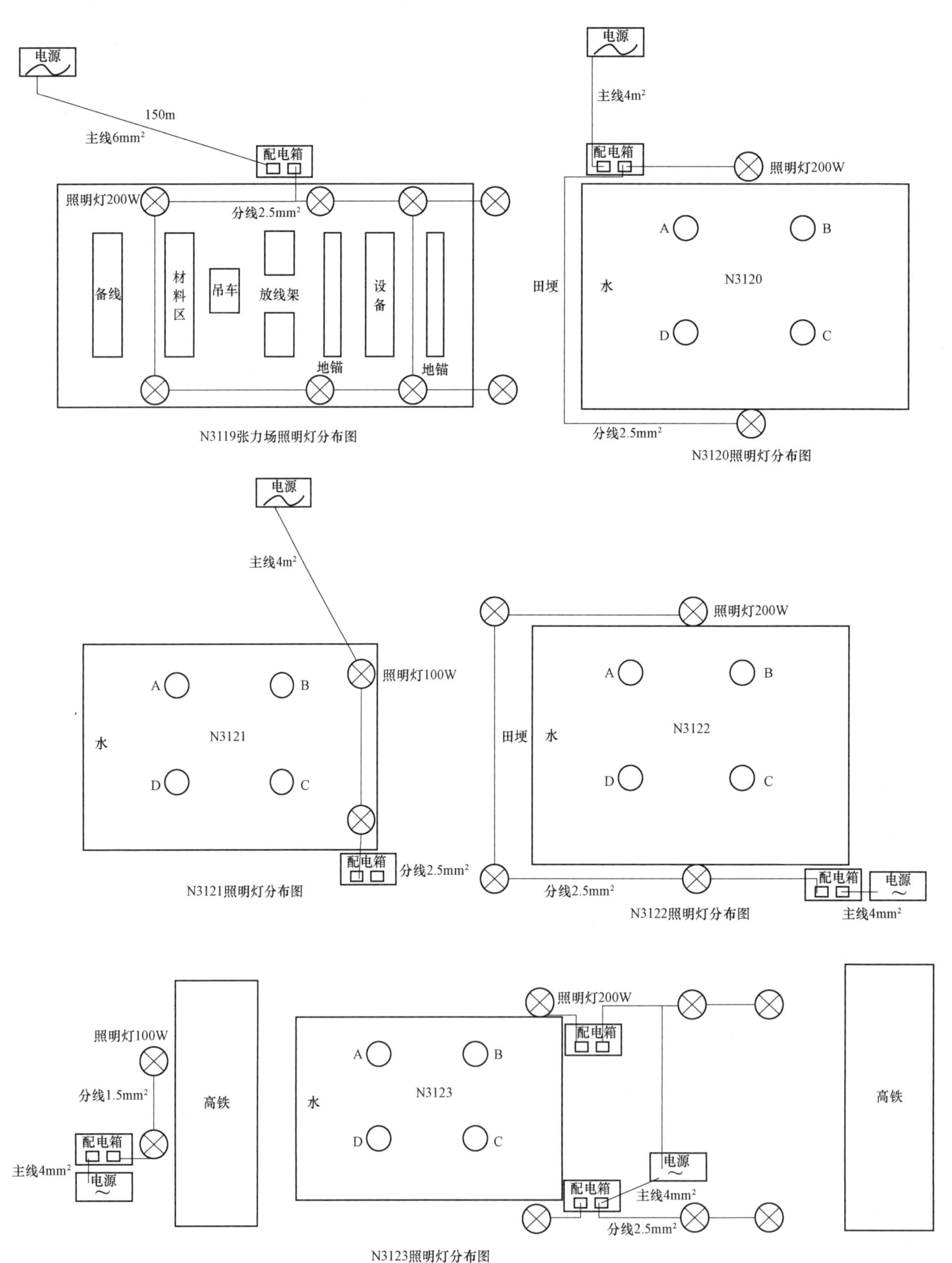

图 3-47 跨越高速铁路夜间施工照明布置图（一）

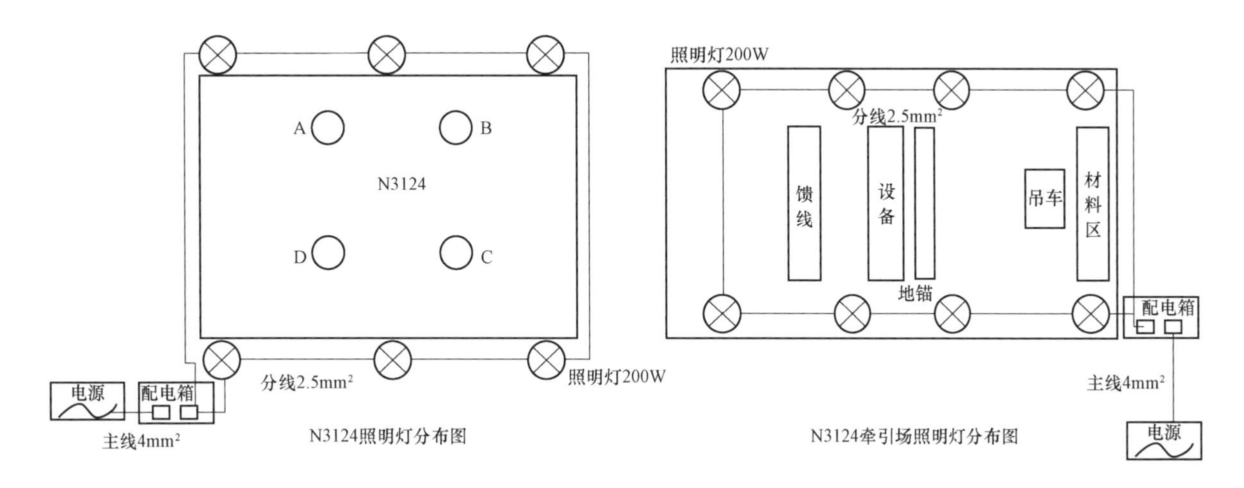

图 3-47　跨越高速铁路夜间施工照明布置图（二）

经验 14　X 光检测耐张线夹

【经验创新点】

无损检测是利用专门的设备和技术，在不剥离外层铝股的前提下可获得其内部的压接情况、结构等信息，从而进一步评判线路是否受损。不仅可及时观察出导线压接后的情况，对有损伤的部位直接进行切断、更换，同时可避免后续在施工或挂网运行后造成巨大的损失，对导线压接质量进行无损检测具有重要意义。

无损检测分辨率高、图像直观，可用于金属和非金属内部缺陷检测；影像数据数字化后便于存储、查询，同时可运用多种图像处理技术辅助判读。

【实施要点】

（1）从事检测工作的机构及人员应具满足如下条件：

1）检测机构应具备省级环境保护主管部门审批颁发的辐射安全许可证；

2）射线操作人员取得省级卫生行政部门颁发的放射工作人员证，并掌握辐射安全知识及辐射安全防护措施；

3）登塔作业人员应具有高空作业资质；

4）检测人员应掌握输电线路金具压接和 X 射线检测相关专业知识。

（2）X 射线检测部位一般为金具所有压接位置，包括钢锚与外部铝套管压接区域、芯线与锚管或芯线接续管压接区域，外部铝管和绞线或中间套管压接区域等。

（3）透照时，X 射线源、胶片或成像板按要求进行布置，并使 X 射线束中心垂直指向透照区中心。胶片或成像板宜紧贴线夹，保持与线夹或接续管平行，不得产生弯曲变形。如现场条件受限不能紧贴时，应适当拉大焦距。在进行透照时，不应直接朝向有人方位。

（4）标记至少应包括线路名称、调度编号、塔号、大小号侧区分、相别、所在分裂序号、透照日期等信息。标记位置、各标记表示方式以及排布方式等应在检测前和线路运维单位进行约定。

当采用胶片式射线检测时，应采用铅字方式成像于胶片上；当采用数字射线方式检测时，识别标记可由计算机写入，但应保证不能被随意更改。

（5）检测获得的胶片或数字图像质量应满足如下要求：

1）标记应齐全、清晰、完整，且不应遮挡重点部位；

2）同一压接金具检测得到的一张或多张图片，应能反映该压接金具所有被检测部位结构信息；

3）图像黑度、对比度应适当，被检测部位影像清晰，各不同材质或部件之间界限清晰；

4）图像上应无干扰缺陷识别或测量的其他构件影像、伪像。

（6）作业前，办理完成相应施工手续，全员佩戴安全帽，高空作业听从指挥、系好安全带，禁止非专业人员开启设备、碰触按键。

（7）保持安全距离，高空人员佩戴辐射报警仪，定期更换高空作业人员，检测人员使用安全剂量卡。高空作业时设备应采用绑扎安全绳等防掉落措施。严格按照使用说明，杜绝人员非法操作。

（8）典型结构金具压接质量检测部位。

1）钢（铝包钢）芯铝（或铝合金）绞线用耐张线夹。钢芯铝绞线耐张线夹的典型结构示意图如图3-48所示，其压接位置分别为图中a、b、c三处，重点检测部位分别为图中A、B、C三处。

2）铝合金芯铝绞线耐张线夹。铝合金芯铝绞线耐张线夹的结构示意图如图3-49所示，包括钢锚（小凸台、大凸台）、小铝管、大铝管三部分，其压接位置分别为图中e、d、f三处，探查位置分别为E、D、F三处。

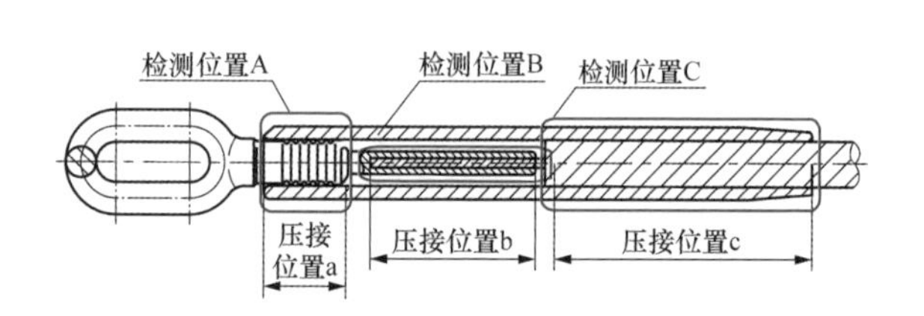

图3-48 钢芯铝绞线耐张线夹的典型结构示意图

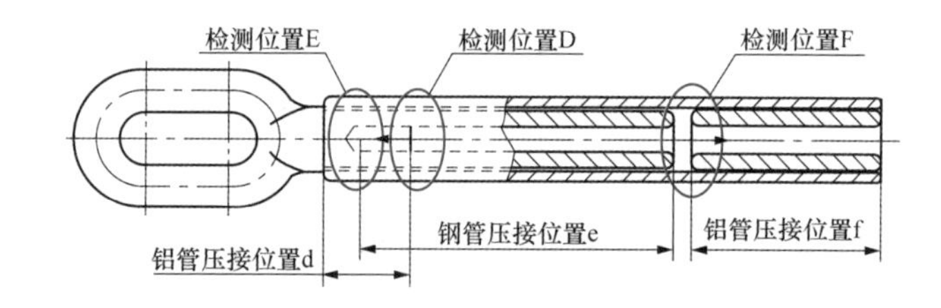

图3-49 铝合金芯铝绞线耐张线夹的结构示意图

3）压接式地线耐张线夹。地线耐张线夹的结构示意图如图3-50所示，其压接位置分别为图中d、e、f三处，探查位置分别为图中D、E、F三处。

4）搭接式接续管。搭接式接续管的结构示意图如图3-51所示，其压接位置分别为图中L和I两处，探查位置分别为图中K和L两处。

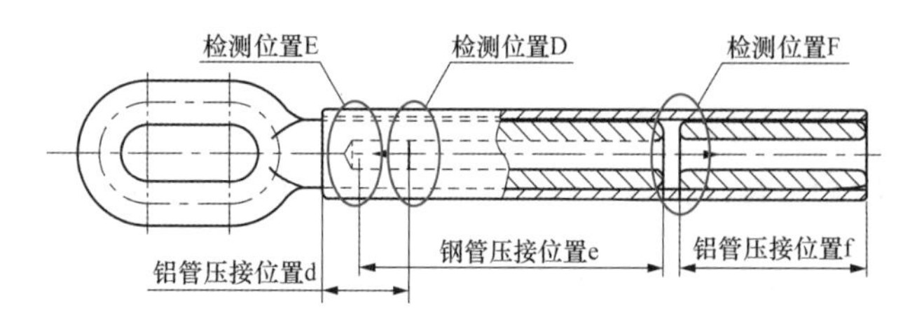

图3-50 地线耐张线夹的结构示意图

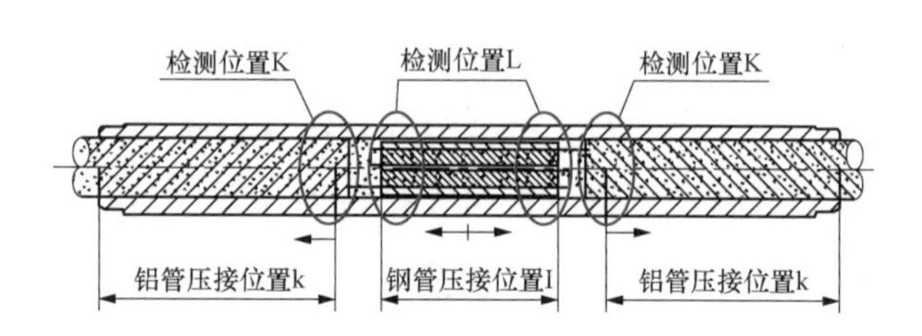

图3-51 搭接式接续管的结构示意图

5）对接式接续管。对接式接续管的结构示意图如图 3-52 所示，其压接位置分别为图中 m 和 n 两处，探查位置分别为图中 M 和 N 两处。

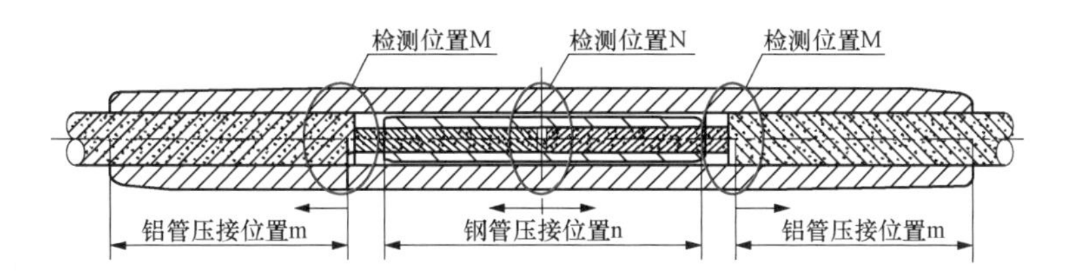

图 3-52　对接式接续管的结构示意图

（9）缺陷的判定和处理：以钢（铝包钢）芯铝（或铝合金）绞线用耐张线夹为例，耐张线夹缺陷判定和处理表见表 3-6。

表 3-6　　耐张线夹缺陷判定和处理表

成像部位	缺陷部位	缺陷分级			
		正常状态	Ⅰ级缺陷	Ⅱ级缺陷	Ⅲ级缺陷
A	铝管	铝管形变但与凹凸槽存在间隙，复核对边距满足要求	/	/	铝管形变但与凹凸槽存在间隙，复核对边距不满足要求
					铝管存在裂纹
	凹槽	凹槽无漏压	凹槽未压接部分＜20%	20%≤凹槽未压接部分＜50%	凹槽未压接部分≥50%，钢锚凹槽位置裂纹或断裂
B	钢管	钢锚管压模平整、到位	钢锚管压模不平整，弯曲，有飞边	/	钢锚管存在裂纹
		钢锚管弯曲度≤2%	2%＜钢锚管弯曲度＜5%	5%≤钢锚管弯曲度＜8%	钢锚管弯曲度≥8%
	钢管与芯线	钢锚管和芯线完全压接	钢锚管和芯线未压接部分≤15%	15%＜钢锚管和芯线未压接部分＜30%	钢锚管和芯线未压接部分≥30%
		钢锚管被芯线填满	10mm≤钢锚管腔体内空隙≤15%	15%＜钢锚管腔体内空隙＜30%	钢锚管腔体内空隙≥30%
C	铝管	铝管弯曲度≤1%或 2%	1%或 2%＜铝管弯曲度＜5%	5%≤铝管弯曲度＜8%	铝管弯曲度≥8%
		/	/	/	铝管存在裂纹
	铝管与绞线	铝管与绞线未压部分≤15%	15%＜铝管与绞线未压部分≤30%	30%＜铝管与铝绞线未压部分＜50%	铝管与绞线未压部分≥50%，钢芯断裂

注　1. 被测线夹与 $800mm^2$ 及以上导线压接时，铝管弯曲度应≤1%，其余截面导线弯曲度≤2%。
2. 铝管与绞线未压部分：指设计要求压接的部分，未进行压接。
3. 大截面导线端口距离要求“3～40mm”，$800mm^2$ 及以下导线端口距离要求“3～15mm”。

【适用范围】

交流 110（66）～1000kV 和直流±400kV 及以上电压等级输电线路，其他电压等级线路的压接质量检测，检测要求严格按相关标准执行。

【经验小结】

规范作业队伍、检测设备，给出检测工艺经验指导，明确检测图像质量要求和检测结果评定方法，更好地应用压接质量 X 射线检测技术，损伤部位清晰可见，压接缺陷无处遁形，保障输电线路运行安全。

经验15 移动式跨越升高车快速封网施工

【经验创新点】

（1）采用现有成熟的主流履带式底盘行走技术，具有轻量可靠的结构。通过螺栓、卡具等采用高可靠性的、结构简单的底盘与剪叉举升机构连接技术。设备采用履带底盘，具备一定的野外爬坡能力，可在泥泞道路稳定行驶，施工进场方便。

（2）剪叉机构优化。在现有成熟的剪叉机构的基础上进行创新，在保证结构强度和刚度的前提下，使结构简单并轻量化；在剪叉举升机构举升完成后，优化其工作状态下的工作受力状态，保证结构的可靠性和稳定性；剪叉举升机构，油缸较点位置优化，实现油缸工作压力曲线的最优化，减少能量损失，最大程度实现节能。

（3）可拆卸的羊角架。拆下登高工作平台两侧的边框，将羊角架吊至工作平台上，用螺栓将羊角架固定在工作平台上，即可进行架线跨越作业。考虑到作业的便捷性，在羊角架上增加了起吊孔，使得羊角架附带了吊装功能（额定负载为750kg）。羊角架拆卸时，直接拆掉螺栓，将羊角架吊至地面，重新安装工作平台两侧的边框，即可恢复为常规的剪叉式登高工作平台。

（4）完成了履带式升高跨越作业车的结构设计，并对其强度和刚度进行了有限元分析，升高高度、垂直承载力、水平承载力满足设计要求，并对机身稳定性进行了优化。

【实施要点】

（1）现场定位。在现场进行定位放样，确定履带式升高跨越作业车、拉线和主承托绳地面固定点设置位置，根据具体跨越工况，在履带式升高跨越作业车前后预留主承托绳以及四方拉线位置，确保与被跨越物以及周边相关物体的安全距离。

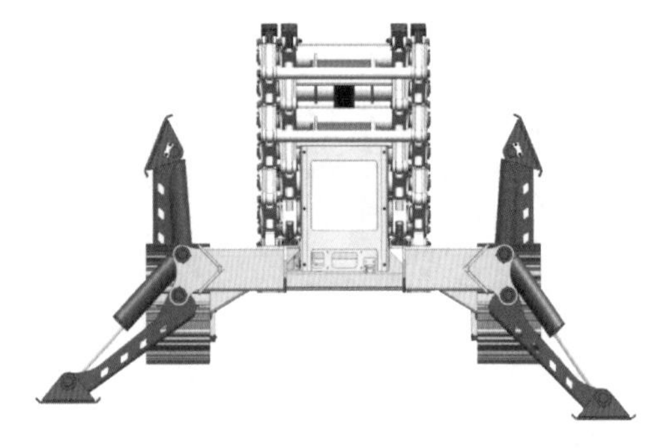

图3-53 履带式升高作业车支腿升降图示

（2）整车落位。支腿动作可通过4个“支腿”按钮进行手动控制。也可结合“平台/支腿操纵”手柄进行控制，按钮功能用于选择支腿并控制支腿升降，支腿可同时选择多个。“平台/支腿操纵”手柄用于控制支腿升降。手柄往前推，支腿打开（升起）；手柄往后位，支腿收拢（下降），履带式升高作业车支腿升降如下图3-53所示。

（3）剪叉式升高机构及羊角跨越架安装。

1）剪叉式升高机构和羊角跨越架需分开安装，安装顺序为先安装剪叉式升高机构，后进行羊角跨越架的安装。剪叉式升高机构安装效果图如图3-54所示。

2）羊角跨越架中的羊角部分是可拆卸的辅助工具，使用前确认羊角固定螺栓是否上紧。安装羊角需要先拆下工作平台两侧的边框，将羊角架吊至工作平台上，用螺栓将羊角架固定在工作平台上，即可作业。使用羊角要使用辅助缆绳。羊角跨越架结构如图 3-55 所示。考虑到作业的便捷性，在羊角架上增加了起吊孔，使得羊角架附带了吊装功能。羊角架拆卸时，直接拆掉螺栓，将羊角架吊至地面，重新安装工作平台两侧的边框，即可恢复为常规的剪叉工作平台。

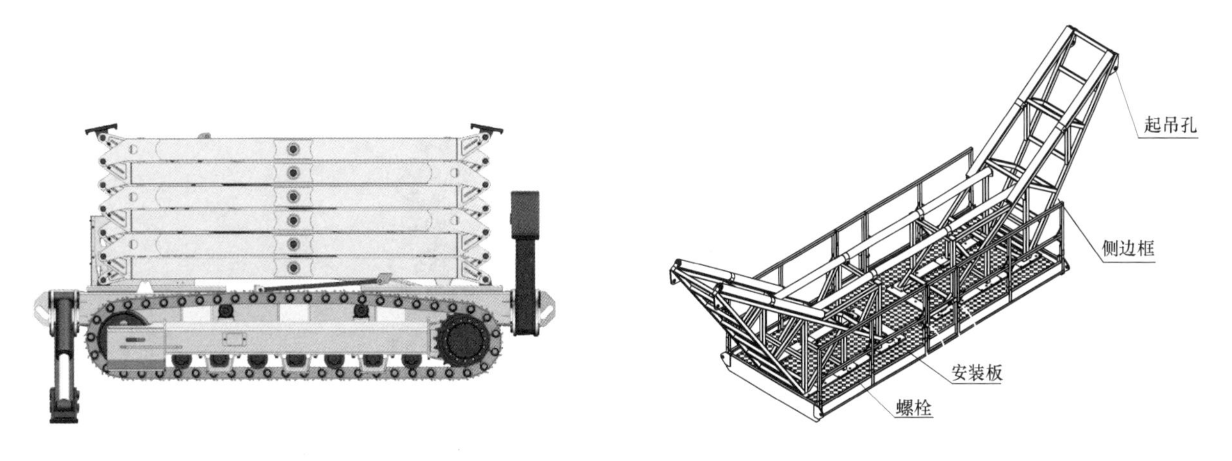

图 3-54　剪叉式升高机构安装效果图　　图 3-55　羊角跨越架结构

（4）缆风绳设置。设备工作平台的高度大于等于 12m 时，需安装缆风绳，缆风绳一端固定在工作平台的吊装孔处，一端固定在地锚上，并通过调节装置拉紧。缆风声设置如图 3-56 所示。

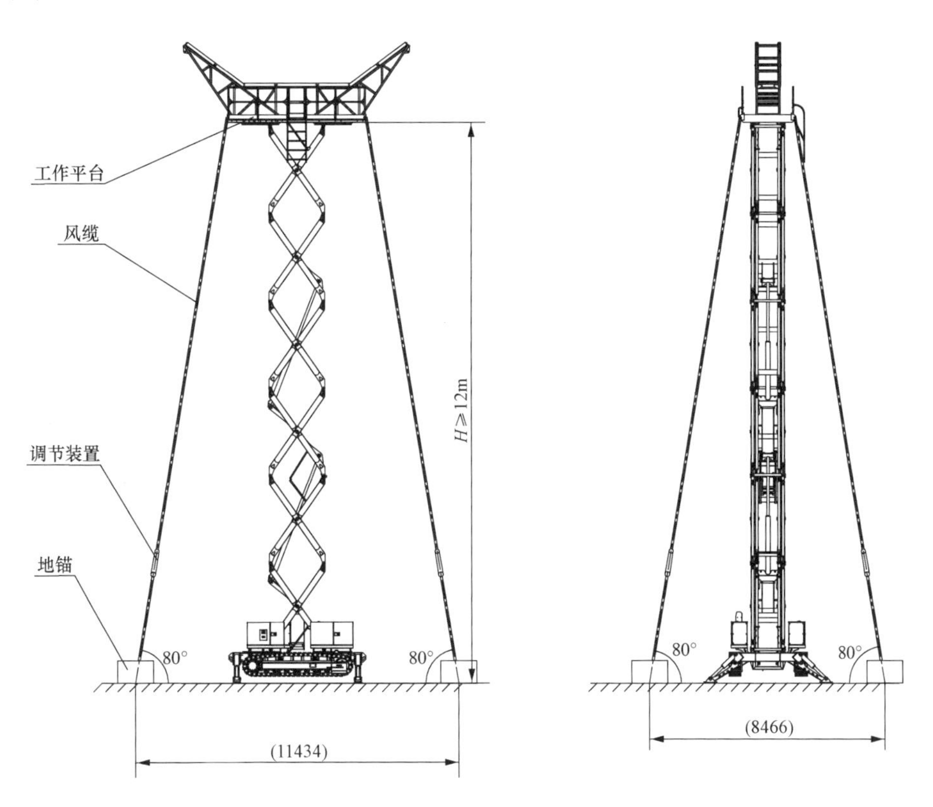

图 3-56　缆风绳设置示意图

（5）羊角架平台升高操作。羊角架安装完毕后，按下举升按钮，待按钮变亮后，按住控制手柄上的功能启用开关，根据控制面板上的升降标识移动手柄，羊角架即可按照指令动作完成升降作业，羊角架升降如图 3-57 所示。

（6）主承载绳展放。可采用动力伞、遥控飞行器等装备进行初级引绳的展放，再用初级引绳

图3-57 羊角架升降

一级一级牵引，直至主承托绳施放设置完毕，然后将承载索升空，再由施工人员将绳索穿过羊角后锚固绳索，到达预定位置后将两侧牵引绳拉紧。

（7）封网。高空作业施工人员系好安全带，携带相关工具器械，手持升降遥控器，进入升高平台，将安全带与平台进行有效连接，确保升降过程中不坠入平台外。将绝缘杆、封网绳在主承托绳上通过引绳将其安装就位，并进行锚固。跨越车封网现场照片如图3-58所示。

图3-58 跨越车封网现场照片

【适用范围】

本设备既适用于路面泥泞崎岖等复杂的路况地区，又可以实现快速地搭建18m高度的跨越架，实现跨越一般的高速公路、铁路、110kV及以下电力线路。

【经验小结】

采用履带式升高跨越作业车作为跨越架使用，解决了一般架线跨越施工过程中存在的问题，通过对履带式升高跨越作业车的结构改造，并完成了剪叉举升机构和羊角架高空作业平台的研制。

相较于常规的封网作业方法，使用研制的履带式升高跨越作业车对被跨越物进行了跨越架快速搭建，跨越架高度达到 20m，对跨越架垂直承载力和水平承载力进行了测试，能够满足现场跨越工况的要求。

履带式升高跨越作业车以履带式运输车底盘为基础，加装了剪叉式升高机构和 4 条支腿稳定性机构，设备进入施工现场方便，特别是可进入泥泞的施工现场。同时，履带式升高跨越作业车还配备了高空作业平台，能够保障作业人员高空作业安全。

为验证集控牵引装置性能，在 1000kV 南阳—荆门—长沙特高压交流输电线路工程进行现场应用。采用履带式升高跨越作业车作为跨越架，使用优势较为突出，既省去跨越架搭设的材料费和人工费，同时，可进一步减少跨越施工占地面积，减少青苗补偿费用。同时，履带式升高跨越作业车只要搭设四方拉线即可，相对于毛竹跨越架的多重拉线，拉线数量大幅减少，受力钢丝绳及工器具也相应减少。

第四章　其他典型经验

本章主要针对特高压线路工程在索道搭设、重力式地锚、基础成品保护等方面的新技术、新装备现场应用经验进行梳理总结，编制形成了6项典型经验。

经验1　倾斜侧影技术在索道路径规划中的应用

【经验创新点】

（1）快速实现山区复杂地形三维扫描。通过无人机搭载五镜头相机，同时从不同角度进行摄影，实现一个垂直、四个倾斜五个不同视角的同步采集，获取地面物体更为完整准确的信息。能够准确反映地物周边真实情况，除了具有正射影像以外，拍摄的倾斜影像能让用户从多角度观察地物，更加真实地反映地物的实际情况。

（2）可实现影像位置距离信息的直接量测。通过配套应用软件，可直接基于成果影像进行包括高度、长度、面积、角度、坡度等的量测，扩展了倾斜摄影技术在行业中的应用，在索道架设路径规划中，可直接测量获取路径上的障碍物精确的高差和位置信息，为模拟索道架设和使用过程中索道距障碍物的距离提高了准确的和可行性。

（3）可采集地形凸起物侧面纹理。针对各种三维数字地形扫描的应用，利用航空摄影大规模成图的特点，结合从倾斜影像批量提取及贴纹理的方式，能够有效地降低现场地形三维建模成本。

（4）轻量化数据模型。相较于三维地理信息系统（Geographic Information System，GIS）技术应用的庞大三维数据，应用倾斜摄影技术获取的影像的数据量要小得多，其影像的数据格式可采用成熟的技术快速进行网络传输，实现共享应用。

（5）基于GIS＋建筑信息模型（Building Information Modeling，BIM）技术，实现索道路径精确规划。通过在扫描建模的现场三维地形上直接选取索道规划的起点和终点，能够直接读取距离和高差数据，通过计算得出索道全路径的坐标，形成BIM模型，导入到现场三维地形模型中，索道路径经过区域与地形凸起点的距离和直接测量，能够准确可靠的发现不可避免的障碍物，进行有效的规避，确保索道路径规划方案的可行性。

【实施要点】

(1) 地形扫描。倾斜摄影技术是国际测绘遥感领域近年发展起来的一项高新技术，在同一飞行平台上搭载多台传感器，目前常用的相机是五镜头相机，五镜头相机及其摄影方式如图 4-1 所示，同时从不同角度进行摄影，实现一个垂直、四个倾斜五个不同视角的同步采集，获取地面物体更为完整准确的信息。

图 4-1　五镜头相机及其摄影方式

倾斜影像是指相机主光轴在有一定的倾斜角时拍摄的影像。因此垂直地面角度拍摄获取的影像称为正片，正片能很好地观测到地面和建筑顶层的特征，且影像具有固定的比例尺；镜头朝向与地面成一定夹角拍摄获取的影像称为斜片，斜片可以观测到侧面的纹理。

倾斜摄影系统主要分为三个部分，第一部分为飞行平台，一般为小型飞机或无人机；第二部分为人员，包括机组成员和地面指挥人员；第三部分为仪器，主要是传感器和姿态定位系统，传感器主要为五镜头相机和全球定位系统（Global Positioning Sytem，GPS）定位装置，以此获取曝光瞬间的三个线元素；姿态定位系统能够记录相机曝光瞬间的姿态和三个角元素。

(2) 倾斜影像数据加工。数据获取完成，首先要保证获取的影像质量满足要求，所以要对获取的影像进行质量检查，对不合格的区域进行补飞；然后由于飞行中时间和空间的差异，要对影像进行光和色的均匀化处理；其次进行几何校正、同名点匹配和区域网联合平差处理；最后将平差后的数据（三个坐标信息及三个方向角信息）赋予每张倾斜影像，使它们在虚拟三维空间中有具体的位置和姿态数据。现在的倾斜影像就可以进行实时量测，每张斜片上的每个像素都对应其真实的地理坐标位置。

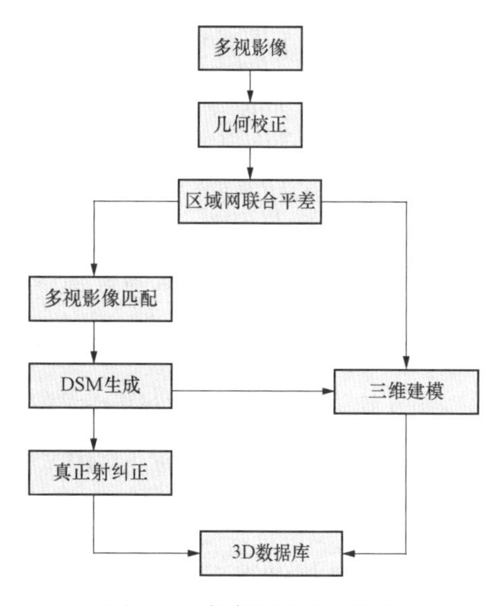

图 4-2　倾斜摄影关键技术

倾斜摄影加工的关键技术如图 4-2 所示。区域网联合平差是指在充分考虑影像间几何变形和遮挡关系的情况下，结合定位定向系统提供的多视影像外方位元素，采取由粗到精的金字塔匹配策略，在每级影像上进行同名点自动匹配和自由网光束法平差，从而得到较好的同名点匹配结果。多视影像匹配的难点在于如何在匹配过程中充分考虑冗余信息并且快速准确获取影像上的同名点坐标，进而获取地物的三维信息。多视影像匹配能得到高精度高分辨率的数字表面模型（Digital Surface Model，DSM）来充分表达地物起伏特征，首先根据自动空中三角测量求解出各影像外方位元素，分析并选择合适的影像匹配单元，进行逐像素级的密集匹配，获取到高密度的DSM数据，然后进行滤波处理，将不同匹配单元进行融合，最终形成统一的DSM。真正射纠正是在DSM的基础上，根据物方连续地形和离散地物的几何特征，使用轮廓提取、面片拟合、屋顶重建等方法提取物方语义信息，同时使用影像分割、边缘提取、纹理聚类等方法获取像方语义信息，最后根据联合平差和密集匹配建立物方和像方的同名点对应关系，建立全局优化采样策略和基于几何辐射特性的联合纠正。

（3）导入索道计算模型。完成现场地形扫描后，可直接在浏览器上进行观看和测量。首先通过对实景扫描的模型进行俯瞰观察，找到高山地形相对缓和的方向，并在地面找到合理的索道上下口区域，初步确定索道的起止点。

根据确定的起止点，直接在三维模型上测量出距离和高差，带入索道计算软件，算出索道全线的xy坐标，并导入BIM软件，进行索道建模，形成三维索道模型。

将建立的索道三维模型导入到研制的GIS+BIM系统平台，将模型放置在初步规划好的三维扫描地形的索道起止点上，实现精确检查索道架设路径上是否有地形凸起点距离索道的安全距离不够，导致索道无法安全跨越。根据实际模拟的地形采取增加门架或者微调索道起止点等措施，再计算索道坐标，形成索道三维模型并导入系统，并再进行模拟判断，最终实现索道路径的精确模拟规划。GIS+BIM软件地形测量索道模拟如图4-3所示。

【适用范围】

本设备适用于平地、丘陵及山区环境下，无人机能够飞行且需要搭设索道的施工区域，解决了山区复杂环境下索道搭设路径规划模拟的问题。

【经验小结】

在电网建设智慧施工中，使用倾斜摄影技术进行地理信息测绘有广泛的应用前景。传统的三维建模以人工建模为主，投入巨大、费时费力且难以保证精度，但是如果通过飞行器采集倾斜影像，基于倾斜摄影技术获取的影像数据，通过专业的自动化建模软件生产高精度的三维模型，可以极大减少人工的投入，大大降低成本，成本大致为人工建模的1/2到1/3。

利用上述无人机搭载五镜头，开展对施工地理信息三维扫描，并结合项目的精细化建模，开展了基于BIM+GIS技术的输电线路辅助建设关键技术及应用、基于BIM的大跨越组塔施工数据智能感知及数据分析应用项目，实现方案的真实地形模拟仿真，助力科学、合理编制索道架设、交叉跨越等施工方案，实现施工方案在线论证及可视化交底，提高施工技术方案实施可行性。

(a)

(b)

图 4-3　GIS＋BIM 软件地形测量索道模拟

(a）索道路径模拟规划示例 1；（b）索道路径模拟规划示例 2

经验 2　沙戈荒条件下重力式地锚研制与应用

【经验创新点】

（1）采用深入式理论设计，避免或减少地锚坑的开挖，施工经济环保，实现对传统深埋式地锚的技术突破，解决了沙戈荒条区域的开挖难题。

（2）在结构上简单灵活。传统地锚均为焊接件，需要专业人员焊接成整体，重力式地锚要在结构上尽可能不采用焊接，而采用螺栓连接，在现场按图组装即可，并可以根据受力状况任意调节大小。

（3）配重物易于就地取材，以减轻整个重力式地锚的搬运重量。

（4）进行了地锚的配重研究，建立了冻土地区重力式地锚应用表，方便施工现场应用。

（5）采取了增大地锚与地面摩擦系数的技术措施，保证了安全系数。

（6）可以在沙漠、戈壁、岩石、沼泽等特殊地质推广应用；也可以在变电站内施工、应急抢险施工等不宜开挖锚坑的情况下应用。

【实施要点】

1. 重力式地锚设计

（1）重力式地锚结构选择。桥梁、大坝等施工领域采用重力式地锚较多，其配重一般为预制混凝土块。根据送电行业特点，重力式地锚采用角钢桁架结构最为合适。

重力式地锚结构如图4-4所示，主要结构为角钢组成的桁架结构，由牵引孔、负重架、摩擦齿组成。牵引孔主要用来锚固起重工器具；摩擦齿并起到抗拔止滑的作用。负重架主要堆放配重，增大地锚正压力，从而提高地锚与地面的摩擦力。单个地锚的最大额定受力为5t，受力较大时，可多个串联使用。两部分以M20螺栓铰接方式连接，连接点采用内外两块补强背铁，以减小连接螺栓剪切力。

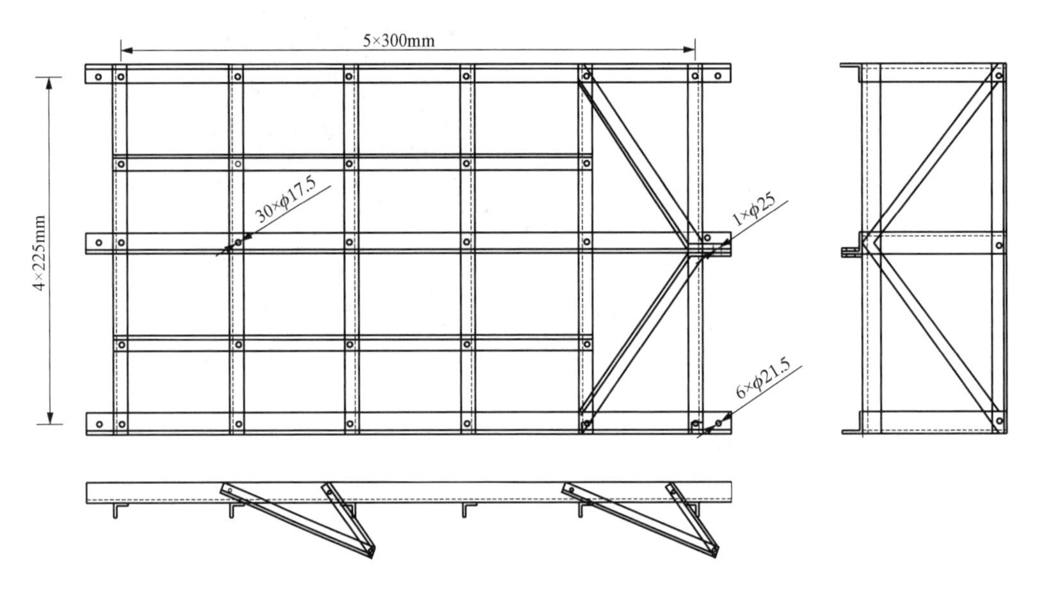

图4-4 重力式地锚结构示意图

（2）主牵引孔受力计算。主牵引部分采用焊接，保证关键受力点的整体性。已知主牵引孔直径为25mm，牵引板由2层5mm厚和1层7mm厚Q235角钢并联而成，总厚度为17mm，眼孔距边缘40mm；可查得应力集中系数为2.4。

a. 牵引孔水平面最大拉应力计算公式如下

$$\delta_x = \frac{T}{(b-d_0)m}a_c \tag{4-1}$$

b. 牵引孔垂直面最大拉应力计算公式如下

$$\delta_y = \frac{T(h_0{}^2+0.25d_0{}^2)}{dm(h_0{}^2-0.25d_0{}^2)} \tag{4-2}$$

c. 牵引孔壁最大承压应力计算公式如下

$$\delta_M = \frac{T}{dm} = \frac{50\ 000}{24\times 17} \tag{4-3}$$

式中 T——单个地锚的最大额定受力，t；

d_0——主牵引孔直径，mm；

m——牵引板和 Q235 角钢并联而成厚度，值为 17mm。

根据计算式（4-1）$\delta_x = \frac{T}{(b-d_0)m}a_c = \frac{50\ 000}{(90-25)\times 17}\times 2.4 = 108.6\text{MPa} < [\delta] = 200\text{MPa}$。

根据计算式（4-2），$\delta_y = \frac{T({h_0}^2 + 0.25d_0^2)}{dm({h_0}^2 - 0.25d_0^2)} = \frac{50\ 000\times(50^2 + 0.25\times 25^2)}{24\times 17\times(50^2 - 0.25\times 25^2)} = 138.9\text{MPa} < [\delta] = 200\text{MPa}$。

根据计算式（4-3），$\delta_M = \frac{T}{dm} = \frac{50\ 000}{24\times 17} = 122.5\text{MPa} < [\delta_M] = 370\text{MPa}$

计算得出，主牵引板水平和垂直两个面的最大拉应力均小于采用 Q235 角钢允许拉应力，主牵引孔壁最大承压应力小于允许承压应力，所以采用 Q235 角钢设计的主牵部分是安全可靠的。

（3）主牵引部分与负重部分连接点受力计算。牵引部分与负重部分采用 3 颗 6.8 级 M20 螺栓连接，其基本允许抗剪应力为 160N/mm²，那么 M20 螺栓的抗剪允许承载力计算公式如下

$$[N_\delta] = n_j \pi r^2 [\tau] \tag{4-4}$$

式中　n_j——螺栓基本允许抗剪应力，N/mm²。

根据计算式（4-4），$[N_\delta] = n_j \pi r^2 [\tau] = 3\pi\times 10^2\times 160 = 150.72\text{kN}$。

在最大负荷为 5t 时，单剪连接时其抗剪承载力有 3 倍安全系数，双剪连接时其抗剪承载力有 6 倍安全系数，主牵引部分与负重部分的连接采用 3 颗 M20 螺栓连接是安全的。

2. 重力式地锚应用

（1）重力式地锚应用计算。重力式地锚受力分析图如图 4-5所示，图中拉线受力 T 及夹角 θ 为已知数，Tx、Ty 为拉线的水平和垂直分力，G 为地锚自重，W 为地锚配重，L 为地锚有效长度，则有：

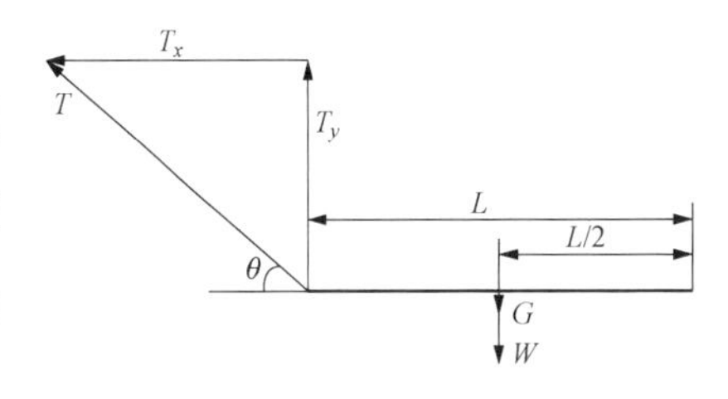

图 4-5　重力式地锚受力分析图

$$\begin{cases} T_x = T\cos\theta \\ T_y = T\sin\theta \end{cases}$$

根据静力学力的平衡条件，$(W+G-T_y)\mu \geqslant T_x$，实际应用时地锚自重 G 较小，为计算结果偏于安全，可忽略不计，则

$$(W - T_y)\mu \geqslant T_x$$

式中　μ——摩擦系数，一般取 0.4。

重力式地锚的配重计算公式如下

$$W = T_x/\mu + T_y \tag{4-5}$$

式中　T_x、T_y——拉线的水平和垂直分力，kN；

μ——摩擦系数，取 0.4。

（2）重力式地锚冻土区应用配重表。在实际现场应用中，配重根据应用现场的实际情况灵活掌握，一般以施工现场的沙土为材料，可用草袋或编织袋装沙土堆砌在地锚桁架上，沙袋之间间隙越小越好。为保证配重稳定，可制作钢筋围笼堆装沙袋或用吊带绑扎沙袋，沼泽地段可采用水

箱装水配重。现场的情况由于受地形限制，拉线角度和拉线受力会在一定角度范围内变化。根据式（4-1）～式（4-3）得出各种受力工况下的地锚配重表，见表4-1，在实际应用中根据现场的实际工况查看相应的配重表。

表4-1　　重力式地锚配重表

张力（kN）	拉线角度为下列值时的地锚配重（kN）			
	15°	30°	45°	60°
15	1.84	2.05	2.12	2.05
30	3.67	4.10	4.24	4.10
45	5.51	6.15	6.36	6.15
60	7.35	8.20	8.49	8.20

根据表4-1可以看出，配重量与拉线张力成线形关系，施工中如果拉线张力不同，可以用插入法求得配重量。拉线角度在45°以内时，地锚的应用是安全的。拉线角度超过45°后，配重是减小的，地锚受垂直分力增大，摩擦力减小，不利于安全。若遇到特殊地质情况时，当摩擦系数$\mu<0.4$时，应按式（4-1）重新计算。各种地质情况下的摩擦系数见表4-2。实际由于其牵引部分嵌入地下，摩擦系数μ大于1，经现场实际试验，安全系数大于3。

表4-2　　地面摩擦系数表

土的类别	摩擦系数μ	土的类别	摩擦系数μ
可塑黏土	0.25	碎石土	0.40～0.50
硬塑黏土	0.25～0.30	软质岩石	0.40～0.60
坚硬黏土	0.30～0.40	表面粗糙硬质岩石	0.60～0.70
砂土	0.40		

（3）重力式地锚在冻土地区的应用试验。根据理论计算的结果，重力式地锚在青海—河南±800kV特高压直流输电线路工程立塔架线现场实际应用，在拉线对地角度为45°的情况下，拉线受力达到15t时，未发生任何滑动、拨动和倾翻等现象。该地锚的应用保证了抱杆组立塔方案在高海拔、多年冻土区的有效应用。在张力架线阶段，由于光缆长度与导线展放区间不一致，重力式地锚充分发挥了轻便简捷的优点，得到普遍应用，提高了张力架线速度。

【适用范围】

本经验适用于沙戈荒条地条件下，高压、特高压输电线路组塔、架线临时拉线锚固。

【经验小结】

重力式地锚由于结构简单灵活、使用方便快捷、安全可靠、节约工期；避免或减少了由于地锚坑开挖对植被的破坏，利于环境保护和水土保持，减轻了施工人员的劳动强度；减少了由于不良地质造成的地锚坑坍塌等事故，利于保障施工人员的职业健康和安全。重力式地锚在冻土、岩石、沼泽、沙漠等不良地带应用具有很高的经济效益和社会效益。

经验3　基础保护帽水平及垂直圆弧倒角施工

【经验创新点】

铁塔基础直角棱边，在基础浇筑完成拆模时以及在进行后续组塔、架线施工时，极容易造成基础边角破损，从而造成基础整体感观较差。目前，传统的铁塔基础在基础角、棱已普遍采用倒角工艺。为确保基础保护帽与基础本体在感官上保持一致性，对保护帽也采取倒角施工。

【实施要点】

1. 倒角材料

（1）木线条材料。木线条倒角不易变形、安装方便，拆模时边角易损坏（边角越薄，倒角越美观，同时越容易损坏），木线条内侧纵向树木纹路经砂纸打磨后可保证倒角的光滑度。

（2）聚乙烯材料。聚乙烯材料的倒角工具与木线条材料的倒角工具相似，同时聚乙烯材料的倒角工具表面光滑，无需进一步处理就可直接使用，采用该种倒角工具制作出的倒角更加的光滑、圆润，不会出现因使用木线条倒角工具出现的树木纹路。该种材料的倒角工具价格较低，是实际施工中采用较多的一种倒角工具材料。

（3）手工倒角。基础面完全收光后，混凝土凝固到一定时间（控制时间）时采用钢制倒角器顺模板内侧、基础边缘将弧形倒角条慢慢压下，人工轻轻击倒角条背面，使其一侧面紧贴模板，另一面与基础面保持水平后再次对倒角条与基础面结合处进行收光处理，确保“双脸皮”的效果。

手工倒角应在表面第一次收光后大约1h后进行（要严格根据混凝土凝固时间控制），使用预先特制的倒角模具，紧贴模板进行手工重复压摸面，以至倒角成型，采用清水砼倒圆角工艺，颜色均匀、倒角圆润、无气泡修补、光滑、层次感强、美观。

2. 倒角条安装

（1）倒角条制作。目前设计方并未将保护帽倒角工艺在图纸上进行明确，根据以往工程经验，一般采用半径为30mm的倒角条进行施工。

（2）倒角条安装。

1）竖直方向的倒角线条在模版拐角处安装。

2）基础顶面上的水平倒角线条安装在用墨线标示的位置，然后用钉子固定在模版上。

3）线条安装必须保证位置准确、固定牢固。按缝高低、水平度均偏差须控制在±0.5mm 。

4）立柱及保护帽棱角交汇处倒角线条两边需做45°切角以保证线条吻合。

3. 混凝土浇筑

（1）振捣时注意不能将振捣棒碰撞线条，以防错位或变形。

（2）浇筑完成后1h左右（混凝土初凝时间一般为45min），对表面进行收光抹面，以确保上表面水平线条处混凝土表面平整光滑。

（3）拆模版之前对混凝土进行养护的方法、要求与基础施工相同：在终凝后12h内开始浇水养护，炎热、干燥时在3h内浇水养护，并在模板外加遮盖物，使混凝土表面始终保持湿润，养护用水与浇制用水相同。

（4）对倒角部分的拆模一定要轻柔，动作要慢，保证圆角形状完整。

（5）使用磨光机对表面不平整处进行修整。

（6）严禁采用混凝土凝固后手工切角打磨方式进行倒角施工。基础表面应保证清水混凝土原状，杜绝刷浆及二次抹面。

【适用范围】

本经验适用于所有基础保护帽的倒角施工。

【经验小结】

基础保护帽倒角工艺的控制是创新管理和现场实际的有机结合。总体来看，手工倒角施工工艺简单、效果易控制，值得不断推广应用。

经验4 基础中心桩保护

【经验创新点】

为满足工程阶段验收及工程创优需要，每基基础中心桩采用混凝土浇筑方式进行永久性保护，防止中心桩丢失和移动。

【实施要点】

设计终勘为GPS卫星定位，给路径复测带来的主要困难是线路不通视和桩易丢失，复测时采用GPS定位仪与经纬仪相结合的方式进行。经纬仪复测直线、转角和高程，进行补桩；GPS定位仪进行档距和定位。实测档距不大于设计档距的1%，横线路偏移不大于50mm，转角桩角度偏差不大于1′30″，高程偏差不大于0.5m。个别丢失的桩位应按设计数据予以补定。

补定后，打木桩表示，上面再钉个小钉，形成“中心桩”。中心桩保护用的规格大小为300mm×300mm×100mm，采用混凝土浇筑而成，顶面应标注基础桩号、线路方向等信息，基础中心桩示意图如图4-6所示。

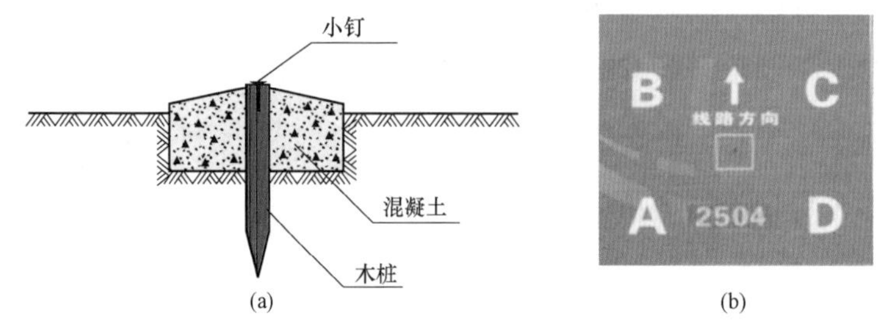

图4-6 基础中心桩示意图

（a）基础中心桩保护措施示意图；（b）基础中心桩保护成品示意图

中心桩面应字迹清晰、无泥土遮挡；对于承台基础、灌注桩泥浆较多的基础，及时对中心桩进行围砌保护，防止中心桩被掩埋。

【适用范围】

本经验适用于所有的新建线路基础。当在铁塔组立中心桩遭到破坏时，需要提前将中心桩引出，或者在铁塔组立完成后用 GPS 重新定桩，并加以保护。

【经验小结】

输电线路基坑在开挖前，要对基础各腿进行定位放线，确定好位置才能施工。对中心桩采取统一标准的保护措施，可以有效帮助质量检测人员对基础尺寸数据进行复核，全线标准化使用为工程创优验收夯实质量基础。

经验 5　可循环使用基础成品保护罩

【经验创新点】

铁塔组立施工过程中，施工人员在吊装塔材、转向、升降抱杆、放线过程中转向施工过程中难免对基础边角造成损坏。为了防止基础破坏的发生，需要对基础棱角进行保护。

采用传统成品保护框难以针对不同的断面尺寸进行安装，有时候断面存在一定的误差，需要重新加工部件，加工的基础成品保护框不能通用，存在局限性，同时该保护架只能本次使用，不能重复使用，造成人力、物力和财力的浪费。

通过改进基础成品保护罩，有效保护该基础，同时还能通用，使用完成后还可以在其他工程使用。

【实施要点】

由于原保护框是整体结构，框架不能调节距离和间隙，因此需将原整体保护框架分解成三个部分，两端采取焊接整体结构，中间采用带滑槽结构，通过滑槽在两段焊接结构件内来回移动，从而改变了相对距离，实现了距离可调节范围，调节余地较大，因此可在室内进行批量加工生产。具体步骤如下：

（1）保护罩制作：将钢板切割成四块 400mm×400mm 基础平面、400mm×200mm 侧面钢板和四根 400mm∟70×5 的角钢，钢板根据塔脚板尺寸将中间切割出塔脚板的空心（共 4 套），焊接成四分之一个基础保护罩，四分之一个保护罩及可滑动式角钢如图 4-7 所示。

（2）切割四块长度为 1000 mm 的角钢，分别割成可滑动式角钢。

（3）焊接好的保护罩和角钢，根据基础立柱尺寸组装。四分之一保护罩实物如图 4-8 所示。

【适用范围】

采用四分之一保护罩，可以在特高压不同断面尺寸的方形基础立柱保护中进行应用。

【经验小结】

循环式保护罩可以按照设计提供的断面尺寸，在室内进行批量生产、加工，自由互换安装，

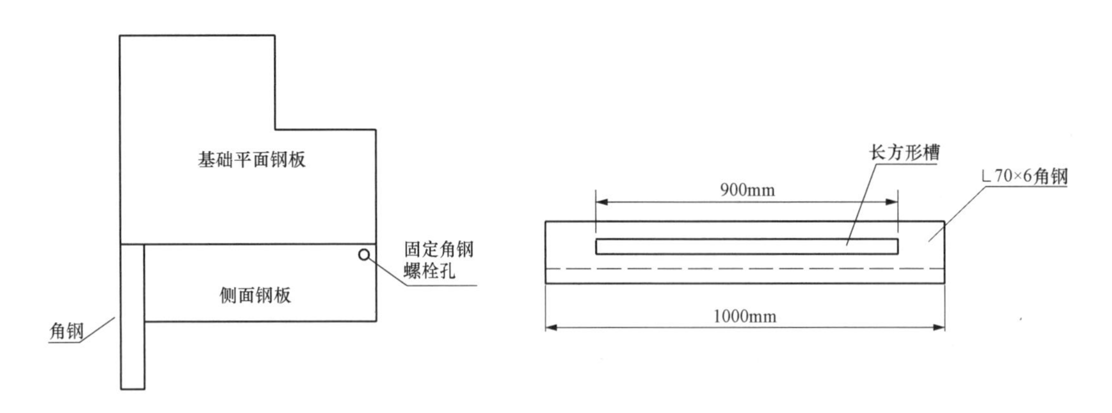

图4-7 四分之一个保护罩及可滑动式角钢

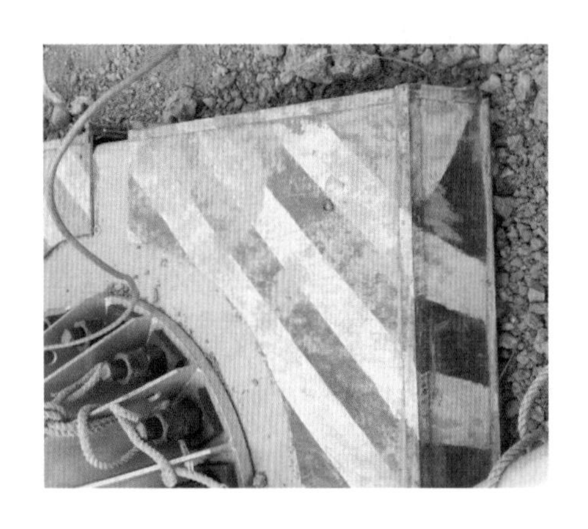

图4-8 四分之一保护罩实物

不限于一个工程，重复利用，可大大节省资源，减少工程施工成本。同时，将保护罩分解成为四分之一大小，更方便于施工运输和调节尺寸大小，适用范围广，适用性增强。

经验6 工程竣工验收隐蔽工程检查重点

【经验创新点】

工程开工建设后，依据《国家电网有限公司关于进一步加强特高压全过程技术监督工作的通知》（国家电网设备〔2020〕438号）要求，提早明确运维单位，让运维单位积极参与特高压工程前期管理，实行专人负责制和责任追溯制，督促建设阶段落实反事故措施，与规划设计、施工建设等相关部门协调沟通。加强新建工程可研、初设参与深度，在可研初设阶段，按最新定版的六区图开展设计校核，运维单位参与省公司组建的特高压工程全过程技术监督领导组和工作组，在本单位内成立生产准备领导小组及工作组，编制新建特高压线路生产准备方案。工程投运前1个月，成立竣工验收领导小组及工作组，编制竣工验收工作实施方案及标准化工程验收卡，明确组织机构、验收内容、验收方式和验收细则，并组织开展竣工验收工作。

在竣工验收现场工作开始前，技术人员根据施工单位、设计单位提供的设计资料、施工图纸及厂家相关技术资料，检查图纸资料的完整性，汇总线路基础、杆塔、绝缘子等主要部件的设计参数、型号等关键细节，完善标准化工程验收卡中的相关内容，确保验收人员能根据标准化工程验收卡核实线路实际与设计图纸是否存在差异。

运维单位积极参与监督专业组相关工作，配齐配强监督队伍，严格保证关键人员到岗到位。竣工验收前开展现场验收培训工作，进行安全技术专项交底、规范化验收流程、辨识典型缺陷，掌握特高压线路验收及运维规程，对发现的问题及时下达技术监督告（预）警通知单。

【实施要点】

1. 基础检查

基础的施工质量管控包括对基础钢筋及混凝土的质量控制，如钢筋的材料质量以及结构构造要求，而且弯曲成形形式及长短需符合设计要求，不同等级钢筋采取不同弯钩处理工艺。除材料因素外，还存在混凝土浇筑施工中因水泥防水防潮未做好、骨料质量差、搅拌用水不当、混凝土配比不合适等缺陷，而在基础内部形成牵洞或裂缝，浇筑方式不对造成离析以及振捣不足蜂窝气泡，造成特高压线路基础实体混凝土的质量不达标。竣工验收中主要是对基础根开、基础平整度、断面尺寸、地脚螺栓规格、基础回填情况、基础防腐情况等进行检查，对终端塔和转角塔的质量监督，还需测量上拔腿坑深是否符合基础预偏的规定。基础检查主要以资料检查结合激光扫描建模测量的方式开展，辅以现场检查，全面检查隐蔽灌注桩（挖孔桩）及基础承台（连梁）、基础浇制、基础拆模签证记录，查看基础回填的质量，碎石与土的比例应符合要求，石块应分布均匀且不直接堆叠，回填土应夯实，内角高于外角。同步实施全线无人机激光扫描，对所有杆塔建立三维模型，采用软件测量所有杆塔的杆塔倾斜度，并用全站仪或经纬仪进行复核测量。上述检查中对基础质量有疑问的，需开展技术监督测量工作，检查整基基础中心位移、整基基础扭转、地脚螺栓露出混凝土面高度、基础顶面高差。对部分以抽检的形式敲开保护帽检查，保护帽敲开后，应检查地脚螺栓是否采取防松措施，核实地脚螺栓数量以及与螺母型号的匹配情况，使用钢卷尺测量对地脚螺栓的规格和间距以及立柱中心的偏离是否符合设计要求，测量后对基础施工质量有严重疑问的，需第三方机构对基础的承载力和桩身完整性进行检测，可采用半破损法，如钻芯法，拔出法，现场取混凝土芯送试验所做混凝土强度试验来验证基础强度、混凝土的弹性模量及受力损伤程度。同时需注意不达标的保护帽对地脚螺栓和塔靴的隐蔽腐蚀，劣化的保护帽容易出现缝隙而滞留水分，较为明显地降低混凝土介质碱性，在雨水中酸性物质的侵蚀下，导致其内部塔脚隐蔽腐蚀。需对保护帽等混凝土构件采用超声法、回弹法进行质量评定。

2. 接地网检查

接地网质量管控主要是检查接地形式、接地线埋设方向、接地沟深度、接地射线的长度、接地线总长与设计要求相符。竣工验收中主要是以全面的基础资料和现场接地电阻检查为主，验收人员在现场应检查接地引下线与杆塔连接情况、接地引下线的防腐及接地沟的回填情况，接地线引出方位和接地孔对应，采用防松垫片和防盗螺栓，用接地测量仪采用三极法或钳表法实测接地电阻值的方式开展接地网验收。由于钳表法效率更高，可先使用钳型接地电阻测试仪进行接地电阻值检测，阻值超设计的再使用 ZC-8 型接地摇表测量，注意实际的测量值需按照接地电阻的季节系数进行换算。对阻值超标的杆塔可选择性开挖，开挖后检查地网的规格尺寸、连接部分的连接方式是否与设计一致、焊接点的焊接情况和焊接质量，焊接部分的长度不应少于 10cm，且应为双面焊接，焊接口和接地引下线应做防腐处理。

3. 导线压接管检查

导线压接管质量管控包括钢芯插入钢锚的有效深度、钢芯与钢锚间的压接情况、铝管压接情况、钢锚与铝管相对位置、铝绞线与钢锚端部相对位置、钢锚形态、铝绞丝形态、钢芯形态、毛刺、棱角、裂纹、异物等方面。施工时通常由于施工人员未做好划印的前期准备，随意进行割线穿管的工作，以及压接时配合不到位，压接压力、时间不符合工艺要求，造成压接管弯曲、压槽未压、钢芯断裂、压接裂纹等质量问题。竣工验收主要通过登杆测量的方式进行，全面开展检查核查，压接管不压区应有压接人员的钢印，验收人员应进行外观检查和测量，外观检查主要查看压接的偏心和紧实程度，端口应平整，外观无飞边和毛刺或凹槽划痕，外层铝股无散股、断股、抽丝的情况以及按 1∶1 制作的钢锚模型对压接位置，测量时使用钢卷尺和游标卡尺对压后对边距、直径情况、弯曲度等进行测量检查，需注意上述的检测无法了解钢芯的压接情况，根据压接管外观尺寸测量的情况，对压接质量有疑问的，针对性地开展压接管抽检，且三跨区段必须开展耐张线夹 X 光检测。

【适用范围】

隐蔽工程是工程检察的重点，采用科技手段实现验收检查的目的，对于特高压交直流工程验收提供了科技手段。

【经验小结】

特高压线路由于工程建设规模大、涉及相关单位多、建设及运维要求高，运维单位应严格落实竣工验收工作内容，积极介入施工质量管控，抓实关键时间节点对目前运维中存在的涉及隐蔽工程的突出问题，提升监督的加强措施管控，抓牢技术监督手段，充分利用现有检测方式，结合无人机激光扫描数据，实现杆塔数据检测内容全覆盖，努力实现管理精益化、队伍专业化、业务数字化、流程标准化，服务好线路投运后的运维工作。